海波 编著

成为你想成为的人，活成自己喜欢的样子

中国纺织出版社

内 容 提 要

在社会生活中，我们每个人，对于未来，都有美好的憧憬，然而，面临严峻的考验，不少人逐渐失去个性，变得人云亦云、得过且过，最终让自己的人生毫无生气，碌碌无为。

本书写给那些为人生之路感到迷茫的人，这是一本给人力量、催人奋进的书。书中告诉我们，成功的人在大多数人之外，我们只有发现自己，战胜自己，经营自己与众不同的人生，才会成就自我，成就辉煌的人生。

图书在版编目(CIP)数据

成为你想成为的人，活成自己喜欢的样子 / 海波编著. — 北京：中国纺织出版社，2017.12（2025.3重印）

ISBN 978-7-5180-4503-7

Ⅰ.①成… Ⅱ.①海… Ⅲ.①成功心理—通俗读物 Ⅳ.①B848.4-49

中国版本图书馆 CIP 数据核字(2017)第 312251 号

责任编辑：闫 星　　特约编辑：王佳新　　责任印制：储志伟

中国纺织出版社出版发行

地址：北京市朝阳区百子湾东里 A407 号楼　邮政编码：100124

销售电话：010—67004422　传真：010—87155801

http://www.c-textilep.com

E-mail:faxing@c-textilep.com

中国纺织出版社天猫旗舰店

官方微博 http://weibo.com/2119887771

三河市金兆印刷装订有限公司印刷　各地新华书店经销

2017 年 12 月第 1 版　2025年3月第9次印刷

开本：710×1000　1/16　印张：13

字数：200 千字　定价：69.80 元

序 言

PREFACE

在生活中，我们发现，有不少人，尤其是年轻人，从童年、少年到青年，从读书到工作，总是按照父母规划的道路去走，他们少有自己的想法，也习惯了听从别人的意见，在别人眼里，也许他们是成功的，他们工作稳定、有房有车、家有妻儿，一切行进得很平顺。然而，每当独处时，有些人总是感到十分落寞、怅然若失，似乎自己的生命里缺少些什么，他们甚至突然感到活得毫无意义，不知道自己身在何处、无法安宁。

然而，也有一些人，即便没车没房，也没有令人羡慕的高学历、高收入，但是他们拥有自己热爱的事业，工作和生活得十分充实和快乐。

那么，你想做哪种人？更想拥有哪种生活呢？很明显是第二种，因为他们活成了自己喜欢的样子，他们为梦想拼搏，他们每天都在进步。其实，人与人命运的不同，就在于他们是否有向往，安于现状本身就是懒惰的表现，是主动放弃追求，不愿进步和创新。

不得不说，我们所生活的世界，日新月异，瞬息万变，或者现在的你是成功的，但随着时间的流逝，当大家都在进取时，你却停滞不前，你就落后了，如果你意识到这种落后的存在却又不愿意奋起直追，那么就只能过平淡乏味的生活了。

其实，在每个人的心中，都有梦想，但如果你畏首畏尾，只是幻想而不付诸实践的话，那么，你只能在一片幻想的迷途中越陷越深。因为成功与胆量有着莫大的关系，有胆量的人才有资格拥有成功。那些在取得了一点成就后就安于现状、求稳的人，最终，他们只能沦为平庸。有胆量，敢于破釜沉舟的人，才会置之死地而后生，实现新的突破。

也许现在的你也感到有困惑，原本你有着固定的工作，但是你却不热爱，提不起兴趣，你也许会犹豫要不要放弃稳定工作做自己喜欢的事情?

事实上，人的一生，能找到自己喜欢的事情是幸运的。做自己喜欢的事，才会生活得有趣，才可能成为一个有意思的人，也才能成为你想成为的人。当你不计功利地全身心做一件事情时，你所产生的愉悦感和成就感其实就是最大的收获，你就是开心的、满足的，从而生活得更美好。

然而，你是否觉得急需一个导师来重新规划自己的人生？是否觉得无从下手？本书就是一本给人力量、催人奋进的正能量书。它让你懂得规划自己的人生，让你懂得在纷繁复杂的社会中找到自己的位置，找到奋斗的方向。看完本书，你会获得力量，去寻找自己热爱的事业，驾驭自己的人生，实现自己的人生价值!

编著者

2017 年 9 月

目录

目录

目录

目录

第一章 不走寻常路，成功者有自己独特的成功之路

人的一切行为都受想法的指导和支配，有什么样的想法，就有什么样的命运。平庸的人只知道“埋头拉车”，而成功的人却能“低头去想”，为问题的解决想出最好的方法。在许多人生的转折点，你若能调整思路，换个想法，就会看到许多别样的人生风景，甚至可以创造出人生的奇迹。养成灵活变通的思维习惯，这是一个人能否取得成功的关键。

想要改变命运，先改变你的想法

在任何关键时刻，正确的想法都是解决问题的唯一途径。思考决定人的一生。做任何事情最忌讳的是盲目行动，如果你在行动之前，能够认真思考，想出最恰当的方法，那你就能有效地做成自己想做的事。

想法是大脑活动的产物，人的一切行为都受它的指导和支配。想法虽然看不见、摸不到，但它却真实地存在着。有什么样的想法，就有什么样的命运。如果你的想法和自信、成功、乐观联系在一起，那么你会有一个圆满的人生；如果你总是想到自卑、失败、忧愁，那么你的命运也不会好到哪里去。

一个人要想在事业上取得一定的成就，光靠一些老想法、老套路是很难成功的。当你站在一条已经有无数人走过的路上，遥望着难以企及的成功目标时，你应该早点觉悟，转变想法去寻找另一条更近、更省力的新路，而不要倔强固执地在这条困难重重的老路上浪费时间。

有人经常说："我忙得没有时间去想。"然而，就是"没时间去想"这五个字，却成为成功与失败的分水岭。平庸的人只知道"埋头拉车"，而成功的人却能"低头去想"，为解决问题想出最好的方法。其实，所有伟人的成就在开始时都不过是一个想法罢了。

有一位才华横溢的年轻画家，早年在巴黎闯荡时一直默默无

闻、一贫如洗，连一张画都卖不出去，因为巴黎画店的老板只寄卖名人的作品，年轻的画家根本没机会让自己的画进入画店出售。

但是，这一天，画店却来了一位顾客，向老板热切地询问有没有那位年轻画家的画。画店老板拿不出来，最后只能遗憾地看着顾客满脸失望地离去。

在此后的一个多月里，不断有顾客来店里询问有没有那位年轻画家的画，画店的老板开始为自己的过失感到后悔，多么渴望再次见到那位原来如此“有名”的画家。

就在老板十分焦急之时，这位年轻画家出现在了画店老板的面前，他成功地拍卖了自己的作品，并因此一夜成名。

原来，当这位画家兜里只剩下十几枚银币时，他想出了一个聪明的方法：他用钱雇用了几个大学生，让他们每天去巴黎的大小画店四处转悠，每人在临走的时候都要询问画店的老板：有没有这位画家的画？哪里可以买到他的画？

这个充满智慧的年轻画家便是毕加索。

金子不是在哪里都会发亮的，譬如，当它还埋在沙土中的时候；同样，也不是每一个有才华的人都会飞黄腾达，当机遇没有来到的时候，怨天尤人也无济于事。

这时，我们不妨学一学毕加索，动一动脑筋，想一个聪明的办法为自己创造机遇。那么，成功说不定就不期而至了。

方法从根本上讲，是“想”出来的。只有敢“想”、会“想”的人，才会成为成功者的候选人。作为一个成功者，就应该善于转换想法，把别人尚未想到的事做成，把自己本来做不成的事做成。当别人失败时，你如果从他人的失败中总结经验，得出正确的想法，并付诸行动，你就可能成功。当你失败时，如果你能够吸取教训，把思想转换到新的正确的想法上，再付诸行动，你同样可以获得成功。

人们总是很容易陷入固有的思维模式里，有时候，明明某种想法对解决问题没有很好的效果，却非要按照常规去做，结果白白地耗费了时间和精力。人一旦形成了习惯的思维定式，就会习惯地顺着固有的想法思考问题，不愿也不会转个方向、换个角度想问题。很多人都有这样的愚顽的“难治之症”，所以难逃宿命般的可悲的结局。

其实，这个时候最需要改变自己的想法，哪怕只改变很小的一点，也可能取得很好的效果。而在许多人生的转折点，若能调整思路，换个想法，就会看到许多别样的人生风景，甚至可以创造出人生的奇迹。

在一眼看不到尽头的大海上，一艘远洋海轮不幸触礁沉没了。八名船员奋力与海水搏斗，终于登上一座孤岛，才得以暂时脱离危险。但接下来的情形更加糟糕，岛上都是石头，没有任何可以用来充饥的东西，更让人不堪忍受的是，在烈日的暴晒下，每个人都口渴难耐，缺少可以饮用的淡水成为困扰他们的最大难题。

等啊等，没有任何下雨的迹象，除了一望无边的海水，没有任何船只经过这个死一般寂静的小岛。渐渐地，其中的七名船员因为支撑不下去，相继渴死在孤岛上。

当最后一名船员快要渴死的时候，他想，与其像其他船员那样渴死在孤岛上，不如尝尝这海水的味道，说不定这里的海水能喝，可以救自己一命。于是他扑进海水里，“咕嘟咕嘟”地喝了一肚子。他喝完海水，一点儿也感觉不出海水的咸涩，相反，他觉得这海水又甘又甜，非常解渴。于是他每天就靠喝岛边的海水度日。有了海水的补给，这名船员继续同命运抗争着，最后终于被过往的船只解救了。

后来，人们化验这里的海水发现，这儿由于有地下泉水的不断涌出，海水实际上是可口的甘泉！

谁都知道“海水是咸的”，根本不能饮用。七名船员就是因为脑海里存有这样固有的生活经验和传统的思维定式，不敢去突破，不敢去作新的尝试，所以活活渴死了。只有最后一个船员大胆地改变了想法，终于打破了思维定式，从而救了自己一命。

如果一个人的想法总是停留在某一个点上，就永远无法开拓自己的视野和思路。你应该经常将眼光放远，产生一些新的想法。当然，你在想象的同时，应该把焦点指向一个全新固定的目标。否则，极容易将自己的思路陷入空想和妄想之中，这样也会阻碍你创造力的发展。

人活一世，生存环境不断变迁，各种事情接踵而来，因循守旧是无论如何都行不通的。生活中有一些人总是失败，就是因为他们按图索骥、墨守成规，从而把自己的道路堵死，结果导致自己寸步难行。其实，一些旧想法、旧规矩都是可以打破的，只要我们做事灵活而不失原则，就能符合时代的变迁和社会的发展。

对于敢“想”、会“想”的人来说，这个世界上不存在困难，只存在暂时还没想到的方法，然而方法终究是会想出来的。所以，会转换想法的人只有一个结果，那就是成功。

有“野心”，才有可能创造奇迹

有心理专家研究表明，“野心”是成功的关键因素。其实，“野心”并不是一个贬义词，它可以理解为雄心、志向等。对于一个人来说，雄心壮志是永恒的特效药，是所有奇迹的萌发点。世界各地几乎所有的富人都承认：没有野心就没有今天的财富。

人没有野心终不能成大事。“野心”本身并没有错或对，错或对的标准只在于你所追求的目标是什么，只要你所追求的目标是正常的，那拥有一份强烈的“野心”对自己就是一件好事。美国加利福尼亚大学的心理学家迪安·斯曼特研究发现，“野心”是人类行为的推动力，人类通过拥有“野心”，可以有力量攫取更多的资源。

某些人之所以贫穷，是因为他们缺乏野心。他们所追求的只是一种平常、闲适的生活，有的甚至只要温饱就行，这就恰恰使他们一辈子成不了富人。因为他们的目标就是做穷人，当他们拥有了最基本的物质生活保障时，就会不思进取，得过且过，没有野心，从而困于贫穷。

一些平庸的穷人就是缺少一些欲望、一些野心，缺少的就是敢想、敢做的精神。一个没有出类拔萃欲望的人，他也许是一个甘于淡泊的好人；一个没有野心的人，他也许是一个踏实诚恳的人。但是，没有向上的欲望，何来动力？没有野心，何来目标？没有野心，何来成功？

巴拉昂是一位年轻的媒体大亨，以推销装饰用的肖像画起家，在不到10年的时间里，迅速跻身于法国五十大富翁之列。1998年，巴拉昂因前列腺癌去世后，法国《科西嘉人报》刊登了他的一份遗嘱。他说，我曾是一位穷人，去世时却是一个富人。在去世前，我不想把我成为富人的秘诀带走，现在秘诀就锁在法兰西中央银行我的一个私人保险箱内，保险箱的3把钥匙在我的律师和两位代理人手中。谁能回答“穷人最缺少的是什么?”而猜中我致富的秘诀，他将得到我的祝贺。当然，那时我已无法为他的睿智而欢呼，但是他可以从那只保险箱里荣幸地拿走100万法郎，那就是我给予他的掌声。

遗嘱刊出之后，《科西嘉人报》收到大量的信件，人们寄来了自己的答案。在48561封来信中，人们的答案各不相同：绝大部分人认为，穷人最缺的是金钱；还有一部分人认为，穷人最缺少的是机会，一些人之所以穷，就是因为没有遇到好时机；另一部分人认为，穷人最缺少的是技能，一些人之所以成为穷人，就是因为学无所长；另外，还有一些其他的答案。

有一位叫蒂勒的小姑娘最终猜对了巴拉昂的秘诀，她的答案很简单：穷人最缺的是野心！即成为富人的野心。

一语道破天机，可是谁能想到答案竟是如此简单！穷人表面上最缺的是金钱，本质上最缺的却是野心。无论处在什么样的社会环境中，只有树雄心、立壮志，才能干出一番轰轰烈烈的事业。有了崇高的目标，就会产生进取心，奋发图强，有雄心，也有竞争性，因而在事业上也较为成功。一切就是如此简单。

拿破仑在军事院校就读时曾立誓要做一名卓越的统帅并吞并整个欧洲，他的勃勃野心可见一斑。在校期间，他将自己定位在一个很高的标准，严格要求自己，最终以优异的成绩做了一名炮兵，开始了他的霸业之旅。成吉思汗扬言大地是他的牧场，有雄鹰的地方就有他的铁骑，这造就了成吉思汗开创的元朝强大的霸业。翻开历史史册，名垂青史的成功者又有哪个没有“野心”？

要知道，人的思考源于某种心理力量的支持。一个连内心都懒洋洋的人，即使他有什么愿望，这些愿望对他来说也永远只是漂浮的肥皂泡，甚至连肥皂泡都不算，因为愿望对他并没有什么美好的诱惑力，他也就丝毫没有力量去思考实现愿望的详细步骤。

当人有了某种愿望后，就会努力实现这些愿望，而不是找理由来打击自己的“野心”。

松下电器王国不是凭运气缔造的。作为这个王国的决策者，松下幸之助有许多过人之处。在松下幸之助辉煌的一生中，最具决定性的日子是1917年5月15日。这一天，他作出了一个令人震惊的决定——辞掉了令人尊敬的检查员的工作。

他15岁进入电灯公司，由于技术精湛，22岁就当上了检查员，该公司还没有像他这样年轻的检查员。

其实，松下幸之助从见习生涯开始，就有了创业的野心。

松下幸之助认定电气是个极具发展前景的行业，因而在技术上更加精益求精，并且立下了“要以此发迹”的野心。

那时的电气工都以求知为新潮，他也下决心读夜校，经过一年的努力拿到了预科文凭。接着，他又进了电机科就读。

松下幸之助在学习过程中感到极为困难，因为，他只接受过四年正规的小学教育。他想退却了。

这时，他的父亲松下正楠安慰他："只要做成大生意，你就可以雇用许许多多有学问的人为你服务，因此，不要在乎你有多少知识。"

后来，松下幸之助确实做到了这一点。

他由一个卑微的学徒，一步一步建立了松下电器王国，成为闻名遐迩的企业家。

松下的成功源于一个主要因素，那就是他有强烈的野心。他的野心就是要建立日本最大的电器生产公司，做行业的老大，并且以此为毕生追求的目标，努力进取，积极实现目标。

俗话说：如果你把箭对准月亮，那么你可以射中老鹰；但如果你把箭对准老鹰，你就只能射中兔子了。是的，生活需要一些渴望，需要不断展现自己。没有渴望就没有全新的体验，犹如一潭死水，激不起半点涟漪。尽管一生富贵未必是一种幸运，但一生平淡无疑是一种遗憾。

生活中，很多人在陌生的城市中打拼了几年，或者在学校里郁闷了多年，发现自己没有了激情和目标。生活中除了无聊和郁闷，似乎没有别的色彩了。每天的生活就是闲聊、发呆，看无聊的电视或沉迷于网络，对自己不懂的东西已经没有任何好奇心了。

如果这个人就是你，那你该醒醒了，该找回自己的"野心"了！也许你并不是这么糟，你仍然有激情和憧憬，有梦想和渴望，那么，就好好珍惜，塑造自己的"野心"，开始奋斗吧！别等到你的这些激情和梦想损失殆尽的时候再枉自叹息，别等到风烛残年的时候再慨叹不堪回首！

拥有成功的“野心”,你才能够充满激情地工作和生活;拥有成功的“野心”,会时刻提醒你去奋斗,引导你去奋斗;拥有一颗跳动不息的“野心”,时刻为你点燃希望的烛火,时刻让你与众不同!

思维先进一步,成功超人一步

可以说,任何一个有意义的构想和计划都出自于思考,思想有多远,你就能走多远。思想有力量,你的行动才会更有力量。当思考成为一种习惯时,就意味着思想的独立和深入,更意味着创新的诞生和成功的到来。

思考并不是科学家、发明家和伟人的专利,普通人同样有思考的权利。那些演艺明星、社会名流、商业巨子为什么能够实现自己的人生价值,并能取得大大小小的成功呢?答案就是他们有独特的思考技巧。所以,从这个意义上说,人的成就首先是“想”出来的,是在正确思考后,并采取行动干出来的。每一个追求成功的人,几乎都能意识到:思考是打开成功大门的钥匙,他们都希望自己养成善于思考的好习惯。

但是,在生活中,仍有一些人不善于思考,没有养成思考的习惯。特别是当一些成功的经验被定格在“习惯”上之后,一旦面对新问题,就会作出消极的反应:不想再作新的思考,一切都显得理所当然,不愿改变现状。

一个养成思考习惯的人,往往不满足于现状,不因循守旧,不迷信经验,不盲从别人。他们遇到问题时,首先不是去接受别人的观点,而是多问一些

“是什么”“为什么”“怎么样”等，养成了这样的习惯，他就不会只做一个机械的操作者、搬运工，因为他习惯了思考、观察，敢于突破条条框框的束缚，寻求新的思路，这样才会成为成功人士。

日本松下公司准备从新招的三名员工中选出一位做市场策划，于是，对他们进行上岗前的“魔鬼训练”，予以考核。

公司将他们从东京送到广岛，让他们在那里生活一天，按最低标准给他们每人一天的生活费用是2000日元，最后看他们谁剩的钱多。

剩是不可能的，一罐乌龙茶的价格是300日元，一听可乐的价格是200日元，最便宜的旅馆一夜就需要2000日元……也就是说，他们手里的钱仅仅够在旅馆里住一夜，要么别睡觉，要么别吃饭，除非他们在天黑之前让这些钱生出更多的钱，而且他们必须单独生存，不能联手合作，更不能给人打工。

第一位先生非常聪明，他用500日元买了一副墨镜，用剩下的钱买了一把二手吉他，来到广岛最繁华的地段——新干线售票大厅外的广场上，扮起了“盲人卖艺”，半天下来，他的大琴盒里已经是满满的钞票了。

第二位先生也非常聪明，他花500日元做了一个大箱子放在最繁华的广场上，箱子上写着：“将核武器赶出地球——纪念广岛灾难四十周年暨为加快广岛建设大募捐。”然后，他用剩下的钱雇了两个中学生做现场宣传讲演，还不到中午，他的大募捐箱就满了。

第三位先生像是个没头脑的家伙，或许他太累了，他做的第一件事是找了个小餐馆，要了一杯清酒、一份生鱼、一碗米饭，好好地吃了一顿，一下子就消费了1500日元。然后钻进一辆被废弃的丰田汽车里美美地睡了一觉……

广岛的人真不错，第一位先生和第二位先生的“生意”都异常红火，一天下来，他们对自己的聪明和不菲的收入暗自窃喜。谁知，傍晚时分，厄运降临到他们头上，一名佩戴胸卡和袖标、腰挎手枪的城市稽查人员出现在广场上。他摘掉了“盲人”的眼镜，摔碎了“盲人”的吉他；撕破了募捐人的箱子并赶走了他雇用的学生，没收了他们的“财产”，收缴了他们的身份证，还扬言要以欺诈罪起诉他们……

当第一位先生和第二位先生想方设法借了点路费，狼狈不堪地返回松下公司时，已经比规定时间晚了一天，更让他们脸红的是，那个“稽查人员”已在公司恭候！

原来，他就是那个在饭馆里吃饭、在汽车里睡觉的第三位先生，他的投资是用150日元做一个袖标、一枚胸卡，花350日元从一个拾垃圾的老人那儿买了一把旧玩具手枪和一把化装用的络腮胡子。当然，还有就是花1500日元吃了顿饭。

在充满竞争的社会里，要想成功，你必须有能力战胜别人，否则就会被别人“吃掉”，被社会“埋没”。在你的事业中，时时刻刻都会出现机会，也许只需要你灵机一动，事情的结果就会不一样。

不同的思考方式决定不同的行为目标，思考未来的技巧为你创造一种未来的新形象；要想取得突出的成绩，思考是必不可少的。如果你想迅速致富，那么你最好去找一条捷径，不要到摩肩接踵的人流中去拥挤，要摒弃“不可能”“办不到”“多么愚蠢”的消极念头。将自己的思维和视野努力变得开阔起来，善于从习以为常的事物中发现新的契机，主动反常逆变，去认识和发现新的事物。

正确巧妙的思考技巧，对致富来说，无异于机器内部的硬件。大多数人并不缺乏必要的知识与才能，但却没有养成一个正确巧妙的思考习惯。拿破仑·希尔在遍访当时美国最成功的五百多位富翁之后得出一个结论："思考即财富。"中国一位传奇的民营企业家也有句名言："没有做不到的，只有想不到的。"可见，思考方法的匮乏是妨碍致富的又一大障碍。只要养成善于思考的习惯，就会获得意想不到的效果。

美国有一个优秀的商人名叫杰瑞，有一天，杰瑞对儿子说："我已经选好了一个女孩，做你的妻子。"儿子很生气地回答："我自己要娶的新娘我自己会决定。"杰瑞说："但我说的这个女孩可是比尔·盖茨的女儿呀！"儿子欢呼起来："我同意！"

在一个聚会中，杰瑞跟比尔·盖茨说："我来帮你的女儿介绍个好丈夫。"比尔·盖茨说："我要尊重我女儿的选择！"杰瑞又说道："但我说的这个年轻人可是世界银行的副总裁喔！"比尔·盖茨大吃一惊："那太谢谢你了……"

接着，杰瑞去找世界银行的总裁，杰瑞说道："我想介绍一个年轻人来当贵行的副总裁。"总裁说："我们已经有几十位副总裁，够多了！"杰瑞说："但我说的这个年轻人可是比尔·盖茨的女婿喔！"总裁激动地叫道："请那位年轻人马上上班……"最后，杰瑞的儿子娶了比尔·盖茨的女儿，又当上了世界银行的副总裁。

杰瑞真是一个会思考的人，他以自己的超人之思，终于如愿以偿，皆大欢喜。很多成功人士都和杰瑞一样，有一双慧眼，是事业、生活中的有心人。有心人往往勤于观察，乐于思考，善于发现。当一些人从生活中发掘了致富信息，并获得成功后，有些人就会顿生懊悔之心，说："我天天都见到那些致富信息，怎么就没想到利用它来致富呢？"

一个聪明人比一个普通人的高明之处在于，他总是比别人多想几步。其实，有时只要比平时多想一点就会把事情处理得很完美。在现实生活中，多想几步，也就是说，具有一定的远见卓识，将给我们带来极大的价值。深度思维与扩散性思维会给我们带来巨大的利益，会打开不可思议的机会之门。对于追求成功的人来说，机会是平等的，就看你愿意不愿意运用"思考"的武器，去发现机遇，把握机会，攻克成功路上的难关。

无论从事何种行业，只要养成勤于思考的习惯，总会惊喜地发现新天地。尤其是那些身陷困境的人，更要开动脑筋，大胆思考，敢于走前人没走过的路，才有可能从"山重水复"走到"柳暗花明"。

思维走多远，人生就能走多远

每个人都希望自己做事能有一个好的角度，从而把事情做得尽善尽美。这种好的角度当然是从思维而来，不同的思路决定不同的出路。一个人在做事之前，一定要善于变换角度看问题，这样可以增加成功的概率。

突破常规思维，从另外的角度进行思考，往往能够柳暗花明见新天。这种案例在日常生活和工作中有很多，由于这种思维方式灵活多变，能出奇制胜，所以往往能取得意想不到的成功。

对于一个本质相同的问题，从两种不同的角度去看，会得到截然相反的答案。所以，当我们做事时，不妨选择一个好的角度。有一个好的角度，就成功了一半；但若选择了一个错误的角度，你就会尝到失败的滋味。你休想站在你的立场上说服别人改变原来的想法、做法；你休想以一个家长的身份让你的孩子不要做这个、不要做那个……所以，当你发表看法、提出建议时，不妨先站在对方的角度上想想，然后做到“己所不欲，勿施于人”，往往更容易取得成功。

遇到难以解决的问题时，有的人会选择放弃，有的人会选择不达目的不罢休，而有的人会改变思路，寻找解决问题的新角度。毫无疑问，最后一种人是最有可能解决问题并大有收获的人。在处理事情的过程中，没有绝对解决不了的难题。有的人之所以陷入僵局，只是因为按部就班，没有变换角度。在这个世界上，从来没有绝对的失败，有时只需稍微调整一下思路，转变一下视角，失败就有可能向成功转化。

很久以前，人类都还赤着双脚走路。有一位国王到某个偏远的乡间旅行，因为路面崎岖不平，有很多碎石头，硌得他的脚又痛又麻。回到王宫后，他下了一道命令，要将国内的所有道路都铺上一层牛皮。他认为这样做，不只是为自己，还可造福他的人民，让大家走路时不再受疼痛之苦。但即使杀光国内所有的牛，也筹措不到足够的皮革，而所花费的金钱、动用的人力，则无以计数。虽然根本做不到，甚至还相当愚蠢，但因为是国王的命令，大家也只能摇头叹息。一位聪明的仆人大胆向国王提出建言："国王啊！为什么您要劳师动众，牺牲那么多头牛，花费那么多金钱呢？您何不只用两小片牛皮包住自己的脚呢？"国王听了很惊讶，但也当下领悟，于是立刻收回成命，采取了这个建议。

有时成败只在于一个观念的转变。换个思路，变个想法，往往令你取得意想不到的奇妙效果。"如果有个柠檬，就做柠檬水。"这是一个聪明人的做法，而愚笨之人做法正好相反。如果他发现命运给他的只是个柠檬，他就会沮丧，自暴自弃地说："我完了，我的命运真悲惨，连一点发达的机会也没有，命中注定只有个柠檬。"然后，他就开始诅咒这个世界，一辈子让自己沉浸在悲伤当中，毫无作为。但是，当聪明人拿到一个柠檬的时候，他就会说："从这件不幸的事情中，我可以学到什么呢？我怎样才能改变自己的命运，把这个柠檬做成一杯柠檬水？"

成大事者在遇到难题时善于换位思考，即从另一个角度重新审视自己和环境，以便找到新的人生机遇和突破点。这就是说，换位思考是成功者的手段之一。很多人不敢创新，或者说不愿意创新，是因为他们头脑中关于价值判断的标准已经固定，这使他们常常不能换一个角度想问题。

换个角度，就换了一种思维，就打破了自己的习惯思维和固有思维，这样，必然会出现不一样的结局。在现实生活中，当人们解决问题时，时常会遇到"瓶颈"，这是由于人们只从同一个角度思考造成的，如果能换一换视角，情况就会改观，就会有新的变化与可能。

从前，有个商人到一个市镇做买卖，身边带了不少金币，可那时又没有银行，走到哪儿带到哪儿，又重又不方便，还很不安全。于是，他悄悄来到一个僻静之处，瞧瞧四下无人，就在地里挖了一个洞，把钱埋藏起来。

可是，第二天钱就不见了。他没有慌乱，而是慢慢地回忆，昨天确实没有人看到自己埋藏金币，但它为什么不见了呢？就在这时，他无意中发现远处有一间房子，房子的墙上有个洞，正对着他埋钱的地方。他突然想到，会不会是这房子里的人，从墙洞里看见自己埋钱，然后才挖走的呢？

于是，他打定主意，来拜访房子的主人："你住在城市里，头脑一定灵活。现在我有一件事要请教，不知行不行？"那人一口答应道："请尽管说。"商人接着说："我是外乡人，特地到这里来办货，身上带两个钱包，一个钱包里放了 500 个金币，另一个钱包里放了 800 个金币。我已把小钱包悄悄埋在没人知道的地方。但是这个大钱包怎么办呢？是埋起来还是交给能够信任的人保管呢？"

房子的主人很贪心，就对他说："什么人都不要信任，把大钱包同小钱包埋在一个地方最安全。"等商人一走，这个人马上拿出挖来的钱包，又埋在原来的地方。这下可把躲藏在附近的商人高兴坏了，等那人一走，他马上将钱袋挖了出来，500 个金币一个不少地回到了他的手里。

这个商人能够让金币失而复得，确实手段高明。他知道小偷之所以偷窃别人的东西，就是因为有一种贪得之心，而贪得之心自然是可得之物价值越大，心也越大。所以，他将计就计，让小偷主动“交”出金币。

遇到难以解决的问题，与其死盯住不放，不如把问题转换一下，化难为易，从而达到解决问题的目的。聪明人可以把复杂问题简单化，愚笨之人可以把简单的问题复杂化。事实上，解决复杂问题时能够化繁为简，就体现了一种新的视角。把自己生疏的问题转换成熟悉的问题，开启了另一个视角，就会产生一个新思路。

长期以来，许多人习惯于传统的思维方式，喜欢“照葫芦画瓢”，看到别人怎么做就马上跟着做，从来没有自己的思想，从来不考虑要靠自己想出新的角度做事。这种人的事业注定不会有很大的发展。因为思维是改变自我的内在基础，好方法是解决问题的必要工具。只有运用头脑，积极思考，转换思路，不断开拓出新的做事方法，你才能在社会中发现、创造更多的机会，实现自己的目标，改变自己的生活。

寻找解决问题的新角度本身就是一种创新，一种改变，很多时候，就是这么看似不起眼的一步，就可能令局面大为改观，让我们看到一片新天地。所以，请记住：换个角度做事，你也许能够把失败变为成功。

资源有限时，激发创意

只有创新才有出路，才能给我们的事业和生活带来生机。创意是一种不平凡的思维方式。激动人心的成功总是和出类拔萃的创意联系在一起的。创意既能为成功锦上添花，也能将平凡点石成金，更能化腐朽为神奇。

这是一个处处充满竞争的时代，而对于每个人来说，若想在社会上有所成就，就必须努力培养和展现自己创新的素质，千万不可墨守成规。假如你的思维或产品一成不变，一点都没有新鲜之处，那么它们很快就会被社会的大潮所淘汰。

你一定听说过许多成功者的创业神话：短短几年，一个个当初看起来很普通的人一下子成了亿万富翁，一些人甚至成了世界上最富有的人，如比尔·盖茨、杨致远、陈天桥等，这些人开始都仅仅有一个好创意。可见，创意就是不局限于眼前的成就，对自己有一个更高层次的要求；或者在自己一无所有的情况下，创造出新的东西，从而使自己的人生变得丰满充实。当然，想要创新，就必须拥有创新的能力。

当人们麻木地陷入思维定式的泥沼中时，往往会不由自主地形成一种不去创新的态度和思维方式，使得事情的发展缺乏突破与创新。一个人如果一直跟在别人的后面，那他只能吃别人的“剩饭”；只有努力创新，时刻给自己的生活注入一些新鲜的活力，才能走在别人的前面，才能吃到最香的“饭菜”。

斯太菲克在美国伊利诺伊州一个退役军人管理医院疗养的时候，通过看报纸得知，许多洗衣店都把刚熨好的衬衣折叠在一块硬纸板上，以免出现褶皱。他获悉这种衬衣纸板每千张要花费 4 美元。突然间，他想到了一个主意，以每千张 1 美元的价格出售这些纸板，并在每张纸板上登上一则广告。登广告的人当然要付广告费，这样他就可从中得到一笔收入。斯太菲克有了这个创意以后，就设法去实现它。

他在出院后就付诸了行动，并最终取得了成功。后来他发现衬衣纸板一旦从衬衣上撤除之后，就不会被洗衣店的顾客所保留。于是，他给自己提出这样一个问题："怎样才能使许多家庭保留这种登有广告的衬衣纸板呢？"他的解决方法是在衬衣纸板的一面，继续印一则黑白或彩色广告。在另一面，他增加了一些新的东西——一个有趣的儿童游戏；一个供主妇用的家用食谱；或者一个引人入胜的字谜。效果很快产生了。有一次，一位男子抱怨，他的妻子把刚洗好的衬衣又送到洗衣店去了，而这些衬衣他本来还可以再穿穿。他的妻子这样做仅仅是为了多得一些菜谱。瞬间的灵感给斯太菲克带来了可观的财富。

创新的成功，总是孕育着创新者的强烈创新意识。要想摆脱传统观念和习惯思维的局限，就要鼓励自己打破思维禁锢，激活创新意识。松下幸之助曾经说过："今日的世界，并不是武力统治而是创新支配。"只要勇于打破常规，再加上自己独特的创新意识，那便是一把成功的魔杖。创新的意识来自于生活，它并非很神秘，相反，它是人人都可以做到的。一切成就与财富都来自于创新的意识，你要做的就是充分发挥思考的能力，激活创新的意识。

人生需要不断创新，领先别人的人永远让别人跟着他走，被别人领先的人永远跟着别人走。别人做什么，你就做什么，你最多只是个好的模仿者。要成为一个领导潮流的人，你就必须成为一个创新者，只有创新才能让你有机会超越常人。你要时时刻刻想着："我如何跟别人不一样，并且比他更好。"而不是"我如何与别人一样好"。

两个青年一同开山，一个把石块儿砸成石子运到路边，卖给建房人；另一个直接把石块运到码头，卖给杭州的花鸟商人，因为这儿的石头总是奇形怪状，他认为卖重量不如卖造型。三年后，卖怪石的青年成为村里第一个盖起瓦房的人。

后来，一条铁路从这儿贯穿南北，这儿的人上车后，可以北到北京，南抵九龙。那个青年又在他的地头砌了一道三米高、百米长的墙。这道墙面向铁路，背依翠柳，两旁是一望无际的万亩梨园。坐火车经过这里的人，在欣赏盛开的梨花时，会醒目地看到四个大字：可口可乐。据说这是五百里山川中唯一的广告，那道墙的主人仅凭这道墙，每年就有 4 万元的额外收入。

20 世纪 90 年代末，日本一家著名公司的老板来华考察，当他坐火车经过这个小山村的时候，听到这个故事，马上被此人惊人的商业头脑所震惊，当即决定下车寻找此人。当日本人找到那个青年时，他正在自己的店门口与对门的店主吵架。原来，他店里的西装标价 800 元一套，对门就把同样的西装标价 750 元。他标 750 元，对门就标 700 元。一个月下来，他仅批发出 8 套，而对门的客户却越来越多，一下子批发出了 800 套。

日本人一看这情形，对此人失望不已。但当他弄清事情的真相后，又惊喜万分，当即决定以百万年薪聘请他。原来，对面那家店也是他的。

有些时候，当你在一个熟悉的环境里生活久了，无形之中，在你的内心就会形成一种依赖性，容易给自己造成一种安逸的假象。因此，你必须努力从这种假象里跳出来，不断提高自己的创造能力。而这种创造能力，必须在你具有推陈出新的勇气的保证下，才能顺利实施。这种勇气，不是与生俱来的，更不能靠别人的恩赐，而是需要你在不同的环境和实践中，不断地积累和升华。

有思考才会有创新，有创新才容易成功。今天，一个人要想立足社会，将以有无创新意识和创新能力来论成败。微软总裁比尔·盖茨总是这样说："微软离破产永远只有 18 个月。"不要认为这是危言耸听，在这个知识经济快速更替的时代，不进则退，不创新就意味着衰败，衰败的后果必将是死亡。

当你在前进的道路上遇到了阻碍而无法前行时，要敢于突破常规思维的束缚，创新思维可以让你避免挣扎于"千军万马过独木桥"的竞争旋涡，从而独树一帜、另辟蹊径，如此，你才能领先别人，因获得先机而更易取胜。

倒着看风景，创意无限

善于改变自己的思维，就会取得非同一般的成效。这就是说，换一种思维方式，就能够化解问题，从而把不利变为有利。换一种思维方式，把问题倒过来看，不但能使你在做事情时找到峰回路转的契机，也能使你找到生活中的快乐。

世间事物千奇百怪，变幻莫测，固定、单一的思维模式是不足以应对一切复杂多变的世事的。可以说，世间唯一不变的真理就是"变"。在做事的时候，只有不断变通，才能绕开生活道路上的一切障碍，轻松获得成功。

在思考的过程中，需要合理想象与发挥创造性思维，只有这样，人的认识

能力才能得到进一步提高，认识成果才会不断增加。而创造性思维的一个表现，就是敢于打破常规，进行逆向思维。人的每一种行为，每一种进步，都与自己的变通思维能力息息相关，离开了变通思维，人就什么事情也办不成了。

之所以有的人成就了伟业，有的人却碌碌无为一辈子，原因就在于变通思维的差异。其实，成功的机会无处不在，只是它更青睐于善于思考、善于变通的人。别人成功了，我们却没有，并不是别人运气好，而是他们善于思考，对这个世界多了份观察，对自己的生活多了份思考，在事情的解决方法中多添了一份变通。就像有人说的：这个世界不缺少能干活的人，缺少的是会思考会变通的人。许多成功人士一生少有失败，关键在于他们在为人处世方面精通变通之道，进退之时，俯仰之间，都超人一等。

有一家大公司的董事长即将退休，他想物色一个才智过人的接班人。经过一段时间的观察，他最后挑出了两位人选——约翰和吉米。因为他们都很精通骑术，老董事长便邀请二位候选人到他的农场做客。当他们到来时，老董事长牵着两匹同样好的马走了出来，说："我知道你们二人都很善于骑马，这里有两匹很好的马，我要你们比一下，胜利者将成为我的接班人。"

他把白马交给了约翰，把黑马交给了吉米。这时，老董事长开始宣布比赛的规则："我要你们从这儿骑马跑到农场的那一边，然后再跑回来。谁的马跑得慢，也就是最后到达目的地，谁就是胜利者。"

听了这话，约翰突然灵机一动，迅速跳上了吉米的黑马，然后快马加鞭地向前急驰而去，他自己的马却留在了原地。吉米对约翰的举动感到很奇怪："咦！他怎么骑了我的马呢？"当他终于想通了是怎么一回事时，已经太晚了。他的黑马遥遥领先，无论怎样追也追不上了。结果，吉米的马最先到达终点，他输了。

老董事长高兴地对约翰说："你可以想出有效的创新办法，能出奇制胜，证明你有足够的才智来接替我的位置，我宣布，你就是下一任董事长了！"

其实，人与人之间，谁比谁聪明、谁比谁幸运并不是最大的差距，最大的差距在于谁思考更深入，变通更及时。因此，我们在生活中要勤于思考，善于变通，对于一些别人解决不了的问题，我们可以换个思路去解决；对于别人想不到的事情，我们要努力想到并实现。"只有想不到，没有做不到"，这句稍显夸张的话，从某种角度讲，是有一定道理的。会思考、会变通的人是永远不会被困难阻挡的，即使前面荆棘丛生，他们也能披荆斩棘，奋勇向前。

人的发展永远离不开机会，要想及时地把握机会、创造机会，我们就必须不停地开动脑筋，运用智慧，否则，我们就有可能会被时代淘汰。只要我们不拒绝变化，并且善于运用变通的思维方式，不断改变自己的观念，我们就能抓住机会，走出困境，进入新的天地。

在 18 世纪的法国，土豆种植曾有很长一段时间得不到推广。医生们认定它对健康有害；农学家断言，种植土豆会使土壤变得贫瘠。法国著名农学家安瑞·帕尔曼切曾吃过土豆，觉得土豆是一种很好的食品，于是决定在本国培植它。可是，过了很长一段时间，他都未能说服任何人。面对人们根深蒂固的偏见，他一筹莫展。后来，帕尔曼切决定借助国王的权力来达到自己的目的。

1787年，他终于得到了国王的许可，在一块出了名的低产田上栽培土豆。帕尔曼切发誓要让这不受欢迎的“鬼苹果”走上大众的餐桌！

他耍了个小小的花招——请求国王派出一支全副武装的卫队，白天晚上轮流值班以便对那块土地严加看守。这异常的举动，撩拨起人们强烈的偷窥欲望。此举的确显得十分神秘，一块种植土豆的田地怎么会派哨兵日夜把守呢？周围的农民无不好奇，不断地趁着士兵的“疏忽”而溜进去偷土豆，小心翼翼地把偷来的土豆拿回去研究，并种在自家地里，看到底有何不同。哨兵对周围的农民偷土豆，表面上似乎严禁，实际上则睁一只眼闭一只眼。当周围的农民种的土豆获得丰收之后，所谓的“鬼苹果”的优点也就广为人知了。就这样，通过这个巧妙的主意，土豆在法国普及开来，很快成为最受法国农民欢迎的农作物之一。以土豆为原料做成的食品也昂然走进了千家万户。

通向成功的大道，绝不止思维变通一种方式，但是，突破常规的变通的思维能力，却是每一个渴望成功的人所必须具备的。只有拥有了灵活变通的思维能力，并将之与具体行动相结合，才能快捷便利地达到自己理想的远大目标。

当传统的方法已经不能解决问题时，我们应该学会另辟蹊径。实际上，促使人类社会进步的一切科技发明，起因都是解决问题过程中的“另辟蹊径”。比如，为了解决“怎么才能更快地收割小麦”的问题，如果我们仅限于传统的方法——把镰刀磨得更快，而不是想着去创造另一种方法，那永远也发明不了联合收割机。上一次解决问题的办法，这一次不一定最适用。我们可能还有比传统办法好上百倍上千倍的办法。

逆向思维作为通向成功之路的一种捷径，它缩短了行动与目标之间的距离，它常常是成功人士发掘机遇，牢牢把握机遇的窍门，它的匠心独运、别出心裁，往往能为你实现理想作出独创性的贡献。

善于变通，才可立于不败之地

生命中总是充满着无数的未知，只凭一套生存哲学，便欲强度人生所有的关卡是不可能的，不善于变通的人，纵然有一身过硬的本领，也很难获得成功。学会变通是跨越生命障碍和走向成熟的重要一步，只有这样，才能克服困难，获得荣誉。

在人类前进的历史长河中，世界日新月异，社会不断发展，实践告诉人们：无论是思想还是行为上的停滞不前，其最终结果都会被历史无情地淘汰。保持自己的本色，坚持自己的初衷，固然是一种执着，但人生总是充满了无数的玄机，在人生的大风浪中，我们要学船长的样子，在狂风暴雨中，把笨重的货物扔掉，以减轻船的重量，而这货物有时可能就是我们最初所珍视的东西。“宁为玉碎，不为瓦全”固然可敬，可捡起我们身边的残片碎瓦有时也不失为一种灵活。

在漫漫人生路上，懂得变通的人可以随处找到成功的机会，相比之下，那些不善于变通的人，纵有一身过硬的本领，也会因为不懂得因时因地变通，而无法捕捉和把握稍纵即逝的机会，从而无法成功。甚至有的时候，机会向他迎面走来，他也会视而不见，让成功与自己擦肩而过。

人总是有其固有的传统思维。而想摆脱传统陈旧的思维方式的束缚并不是件容易的事情，因为传统思想观念像影子一样深藏在人们的心灵深处，不为人们所察觉，但它却严重地影响着人们的言谈举止和行为方式。这些传统的思维方式阻碍着你的变通思维的发展，使你行走社会感觉做很多事都困难重重，感觉成功离你是那么遥远，但是如果你能转换思维方向，变通地看待一切，变换你的处事方式，你就会发现，你不再寸步难行，很多事情都能轻而易举地办好，成功与你也是前所未有地接近。

法国著名女高音歌唱家玛·迪梅普莱有一个美丽的私人园林。每到周末，总有人到她的园林里去摘花、采蘑菇，有的甚至搭起帐篷，在草地上野营、野餐，弄得园林一片狼藉，脏乱不堪。

管家曾让人在园林四周围上篱笆，并竖起“私人园林，禁止入内”的木牌，但均无济于事，园林依然不断遭到践踏和破坏。于是，管家只得向主人请示。迪梅普莱听了管家的汇报后，让管家做几个大牌子立在各个路口，上面醒目地写明：如果在园林中被毒蛇咬伤，最近的医院距此 15 公里，驾车约半个小时才能到达。自此以后，再也没有人闯入她的园林。

园林还是那个园林，只是变了一个思路，保护园林的难题就解决了。

变通是一门艺术,也是一门学问。所谓“穷则变,变则通”,很多人之所以一辈子都碌碌无为,就是因为他活了一辈子都没有认真地体味、揣摩成功人士之所以成功的原因,都没有弄明白变通对人生的决定性作用,都不知道怎样变通才能为自己的人生画上灿烂的一笔。

纵观古今,无论是帝王将相,还是平民百姓,他们都需要在动态变化的世界中走完自己的人生,而成功者大多是敢于变通、善于变通的人。因此说,做事学会变通,就等于拥有了生存之本。当我们遇到困难的时候,必须思考变通之策。因为,客观情况在不断变化,我们必须随着客观情况的变化而变化,只有这样,我们才可以克服困难,走向成功。

柯特大饭店是美国加州的一家老牌饭店。饭店老板准备改建一部新式的电梯。他重金请来全国一流的建筑师和工程师,请他们一起商讨,该如何进行改建。

建筑师和工程师的经验都很丰富,他们讨论的结果是:饭店必须新换一部大电梯。为了安装好新电梯,饭店必须停止营业半年。

“除了关闭饭店半年就没有别的办法了吗?”老板的眉头皱得很紧,“要知道,这样会造成很大的经济损失……”

“必须得这样,不可能有别的方案。”建筑师和工程师们坚持说。

就在这个时候,饭店里的清洁工刚好在附近拖地,听到了他们的谈话,他马上直起腰,停止了工作。他望望忧心忡忡、神色忧郁的老板和那两位一脸自信的专家,突然开口说:“如果换作我,你们知道我会怎么来装这个电梯吗?”

工程师瞟了他一眼，不屑地说："你能怎么做?"

"我会直接在屋子外面装上电梯。"

"多么好的方法啊!"工程师和建筑师听了，顿时惊讶不已。

很快，这家饭店就在屋外装设了一部新电梯，而这就是建筑史上的第一部观光电梯。

习惯性地认为电梯只能安装在室内，却想不到电梯也可以安装在室外，像这样固守成法、循规蹈矩的人比比皆是。问题不在于他们的技术高低、学识多寡，而在于他们突破不了常规的思维方式。工程师和建筑师被专业常识束缚了，而清洁工的脑子里没有那么多条条框框，思路很开阔，所以才会想出令专家们大跌眼镜的妙招。

美国的著名人物罗兹曾说过："生活中最大的成就是不断地自我改造，以使自己悟出生活之道。"的确，在很多情况下，外物是无法改变的，我们能改变的只能是我们的思想。变通，可以说是我们遇到困难和变化时所能采取的最好方法与手段之一。

会变通的人知道，只有先有一个平台，把自己的优势展现出来，别人才会知道你的能力和才华，只要真有能力就不怕无用武之地。爱尔兰伟大的思想家乔治·萧伯纳曾经说过："明智的人使自己适应世界，而不明智的人只会坚持要世界适应自己。"无论遇到任何困难，只要懂得变通，就能走向成功。

任何事情都是处于变化之中的，往往一件事的发展总是在你的意料之外。而一个思想僵化、保守的人显然是难以应付的，养成灵活变通的习惯，这是一个人取得成功的关键。

别被所谓的规则束缚手脚

"一定之规"对创新思考常常会起一种妨碍和束缚的作用。它会使人陷在旧的思维模式的无形框框中，难以进行新的探索和尝试，因而也就难以产生新的设想。我们要认识到，"思维定式"是"懒汉"的思维方法，要有意识地破除它。

无论是思考如何解决碰到的新问题,还是对已熟悉的问题寻求新的解决方案,一般都需要在多途径的探索、尝试的基础上,先提出多种新的设想,最后再筛选出最佳的方案。而基于反复思考一类问题所形成的"一定之规",对这样的创新思考常常会起一种妨碍和束缚的作用。它会使人陷在旧的思维模式的无形框框中,难以进行新的探索和尝试,因而也就难以产生新的设想。

一个长期习惯于按"一定之规"考虑问题,很少进行创新思考的人,久而久之,往往会把很多本来大不相同的问题,也因为它们之间的某些相似之处,而看成同一类问题,用相同的办法去解决。这样,自然就会白费精力。有一位心理学家曾说过:"只会使用锤子的人,总是把一切问题都看成钉子。"就好像卓别林主演的《摩登时代》里可笑的工人那样,由于一天到晚拧螺丝帽,一切圆的东西,包括衣服上的纽扣和圆形图案,在他眼里都成了螺丝帽,他都会用扳手去拧。

人形成思维定式是人类心理活动的普遍现象。创新是人类社会进步的客观要求。而要摆脱和突破一种思维定式的束缚，常常需要付出极大的努力。无论是在创新思考的开始，还是在其他某个环节上，当我们的创新思考活动遇到了障碍，陷入了某种困境，难以再继续想下去的时候，就有必要认真检查一下：我们的头脑中是否有了某种思维定式在起束缚作用？我们是否被某种思维定式捆住了手脚？

有一个边防缉私警官，每天晚上都看到一个人推着一辆驮着大捆麦秸的自行车，朝边防站走来。每天，警官都会命令那人卸下麦秸，解开绳子，并亲自用手拨开麦秸仔细检查。尽管警官一直期待能在麦秸里发现些什么，却从未找到任何可疑之物。

这天晚上，警官像往常一样仔细检查完麦秸，然后神色凝重地对那人说："听着，我知道你每天都通过这个关卡干着走私的活动。我年纪大了，明天就要退休了，今天是我最后一天上班，假如你跟我说出你走私的东西到底是何物，我向你保证绝不告诉任何人。"那人听了对警官低语道："自行车。"

"啊？"警官愣了半晌才醒悟过来。

这个缉私警官的视线完全被那一大捆麦秸吸引了，可以说是受阻于走私者隐藏赃物的定式，而忽略了被推行的自行车。也许换一个角度考虑问题的始末，他就会恍然大悟了，这就是思维的逆转。

在瞬息万变的社会，如果一味恪守固有的经验，它容易把人的思维引入歧途，也会给生活与事业带来消极影响。一成不变的思维方式，将会带来毫无生机的生活局面。常规是束缚创造力的关键，但是，能够赢得精彩人生、创造辉煌事业的人恰恰是少数。曾经有一位社会学者调查后得出结论：凡是能够成功打破“一定之规”的人，几乎都赢得了成功。在一般情况下，按常规办事并没有错。但是，当常规已不适应变化了的新情况时，就应解放思想，打破常规，善于创新，另辟蹊径。只有这样，才有可能化缺点为优点，化弊端为有利，化腐朽为神奇，在似乎绝望的困境中找到希望，创造出新的生机，取得出人意料的胜利。

虽说思维有其规律可循，但打破常规进行思考，本身就是一条特殊的思维规律，是创新型人才不可缺少的特质。一旦学会了打破常规进行思考，就会迎来一片崭新的天地。艺术大师毕加索曾指出：“创造之前必须先破坏。”破坏什么？传统观念和传统规则。面对瞬息万变的市场环境，只有敢于挑战常规，打破常规，才能有所作为。

1952年，由于受经济风波的影响，日本的东芝电器公司积压了大量的电风扇销售不出去，为此，公司的有关人员虽然绞尽脑汁想了很多办法，但销量还是不见起色。看到这种情况，公司的一个基层小职员也努力地想办法，几乎到了废寝忘食的程度。

一天，小职员看到街道上有很多小孩子拿着五颜六色的小风车在玩，他头脑里突然想道：为什么不把风扇的颜色改变一下呢？这样既受年轻人和小孩子的喜欢，也让成年人觉得彩色的电扇能为屋里增光添彩啊！想到这里，小职员急忙跑回公司向总经理提出了建议，总经理听了这个建议后非常重视，特地召开了大会仔细研究并采纳了小职员的建议。

第二年夏天，东芝公司隆重推出了一系列彩色电风扇，一改当时市场上一律黑色的面孔，很受人们的喜爱，掀起了抢购狂潮，短时间内就卖出了几十万台，公司很快摆脱了困境。而这位小职员不但因此获得了公司2%的股份，同时也成了公司里最受大家欢迎的职员。

人一旦形成了思维定式，就会习惯地顺着思维定式思考问题，不愿也不会转个方向、换个角度想问题，这种思维定式的影响很大。思维定式是阻碍人前进的一条铁链，它使人的思维进入无法前进的死胡同，因此，当我们发现自己被那一条条铁链锁住时，一定要当机立断，立即挣开它的捆绑，使自己的潜能得到充分发挥。很多人走不出思维定式，所以，他们走不出宿命般的可悲结局；而一旦走出了思维定式，就会看到许多别样的人生风景，甚至可以创造新的奇迹……

世上的事情有时简单得让人难以置信：如果你墨守成规，等待你的只有失败；相反，如果你稍微动一下脑筋，对传统的思维方式进行一番创新，就能获得成功。在竞争激烈的商业社会中，那些人云亦云的人，只能眼看着别人享受着丰富的财富，而只有打破“一定之规”的人才能赢得先机。

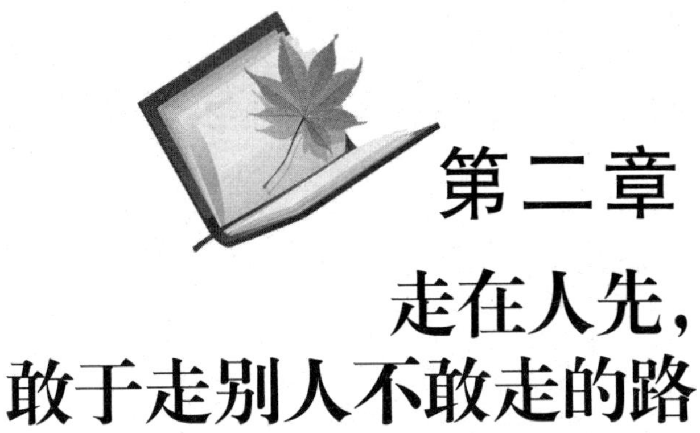

第二章 走在人先，敢于走别人不敢走的路

成功始于心动，成于行动。在犹豫不决中丢失的机会比真正错过的还多。只有敢于决断，敢于行动，才能够成功。要想以最快的时间达成自己内心的愿望，就需要一种独辟蹊径的精神。不能被动地守着原有的东西，而应该主动地去适应这种变化，不断地创新，不断地前进，勇敢的精神能让平凡的自己做出惊人的事业。

既已行动，就不必畏首畏尾

在人生的棋盘上，棋手无悔实在是成功人生的第一课。许许多多的失败者，事前的犹犹豫豫就已注定了事后的追悔莫及。能否抓住机遇取决于我们是否足够果断。在犹豫不决中丢失的机会比真正错过的还多。只有敢于决断、敢于行动，才能够成功。

生活中处处充满机遇，社会上的每一项活动、人际中的每一次交往、工作中的每一次得失等，都可能是一次选择、一次机遇、一次引导你冲破人生难关的契机。而问题在于你自身的素质，在于你是否能发现并抓住每一次机遇。

一个人在做事之前，首先应该保持头脑冷静，对自己要做的事情有一个正确的判断。盲目行事，是导致许多人失败的一个重要原因。而那些最终能够突破人生的难关，赢得成功的人，大多有一个共性：能够在正确的决策之下，勇敢果断地行事。

机不可失，时不再来，这是一个人所共知而又十分深刻的道理。在许多情况下，机遇不允许有更多的时间让你左顾右盼，而且必须由你自己拿定主意。你如果任由自己养成要别人替你拿主意的坏习惯，那么在关键时刻，特别是处在“时不再来”的时候，你往往不会有自己的决断。因此，平时不要受别人的影响，应坚持自己的看法，用自己的头脑作决定。

对于每一个人来说，犹豫不决、优柔寡断是成功路上的一个非常阴险的对手，因此，在它还没有伤害你、破坏你、限制你一生的机会之前，你就要把这一仇敌置于死地。一个人如果没有果断决策的能力，那么他的一生，就像浩瀚大海中的一叶孤舟，只能永远漂浮在狂风暴雨的汪洋大海里，达不到成功的彼岸。

一位富翁家的狗在散步时跑丢了，于是富翁就在当地报纸上发了一则启事：有狗丢失，归还者，付酬金1万元。并有小狗的一张彩照充满大半个版面。

一位沿街流浪的乞丐在报摊看到了这则启事，他立即跑回他住的窑洞，因为前天他在公园的躺椅上打盹时捡到了一只狗，现在这只狗就在他住的那个窑洞里拴着。他回去一看，果然是富翁家的狗，乞丐第二天一大早就抱着狗出了门，准备去领1万元酬金。当他经过一个小报摊的时候，无意中又看到了那则启事，不过赏金由前一天的1万元已变成2万元。乞丐又返回他的窑洞，把狗重新拴在那儿，第四天，悬赏额果然又涨了。

在接下来的几天时间里，乞丐天天浏览当地报纸的广告栏，当酬金涨到使全城的市民都感到惊讶时，乞丐返回他的窑洞。可是那只狗已经死了，因为那只狗在富翁家吃的都是鲜牛奶和烧牛肉，对这位乞丐从垃圾筒里捡来的东西根本吃不消。

其实，机会无时无刻不在，每一个新时代都会造就一批富翁，而每一个富翁的产生都是当别人不明白时，他明白自己该做什么；当别人不理解时，他理解自己在做什么。所以，当别人明白时，他已经成功了；当别人理解时，他已经富有了。或许有人会说，当初我要是做，一定会比他们赚得更多。不错，你的能力或许比他们强，你的资金或许比他们多，你的经验或许比他们丰富，可就是因为你的一念之差，决定了当初你不会去做，你的犹豫决定了你在若干年后的今天依旧贫穷。

不要把一件事情放到明天，从现在就积极地行动起来。努力地尝试作出果断的决定，强迫自己去实行。不管你面对的事情多么复杂，都不要有任何的犹豫。在你决定做某一件事情之前，你应该对各方面的情况有所了解，你应该运用全部的常识和理智慎重地思考，给自己充分的时间去想问题。你一旦做好了心理准备，就要果断决定，一经决定，就不要轻易反悔。

如果发现好的机会，你就必须抓紧时间，马上采取行动，才不致贻误时机。不要对一个问题不停地思考，一会儿想到这一方面，一会儿又想到那一方面。你应该把你的决定，作为最后不变的决定。这种迅速决断的习惯一旦养成，你便能产生一种相信自己的信心。如果犹豫、观望而不敢作出决定，机会就会悄然流逝，你就会后悔莫及。

华裔计算机名人王安博士说，影响他一生的事发生在他6岁之时。一天，他外出玩耍，经过一棵大树时，突然有一个鸟巢掉在他的头上，里面滚出了一只嗷嗷待哺的小麻雀。他决定把它带回去喂养，便连同鸟巢一起带回了家。走到家门口，他忽然想起妈妈不允许他在家里养小动物。他轻轻地把小麻雀放在门后，急忙走进屋去请求妈妈，在他的哀求下，妈妈破例答应了儿子。随后，王安兴奋地跑到门后，不料小麻雀已经不见了，一只黑猫在意犹未尽地擦着嘴巴。王安为此伤心了很久。从此，他吸取了一个很大的教训：只要是自己认定的事情，绝不可优柔寡断。犹豫不决固然可以免去一些做错事的机会，但也失去了成功的机遇。

在生活中无论干什么，都要把握适当的分寸和尺度，正所谓“该出手时就出手”。一旦错过了最好的时机，你可能会一无所获。在两难的抉择中，敢于决断是一个人成功的关键。假如我们面对选择时犹豫不决，无法果断地作出决定，将会一事无成，甚至有可能还会埋下祸根，为自己带来一连串的失败的打击。然而，在实际工作中，并不是每一个人都有果断地作出决断的勇气。有些人往往优柔寡断，患得患失，瞻前顾后，结果错失良机，甚至给自己造成很大的损失。

犹豫不决的人可以说是世界上最可怜的人，也是最容易失败的人。威廉·惠德说：如果一个人面对着两件事情犹豫不决，不知该先去做哪一件事好，那么他最终将一事无成。他非但不会有什么进步，反而会后退。唯有那些具有如恺撒一般的特性——先聪明地斟酌，再果断地决定，然后坚定不移地去行动的人，才能在任何事业上，都做出卓越的成绩。

当然，这种在两难中作出选择的勇气，必须以敏锐的洞察力为基础。如果没有经过思考，没有看清问题，就盲目地作出决断，不但无助于成功，相反还会使你损失惨重。要知道，没有经过慎重思考，盲目决定的勇气只是匹夫之勇。

俗话说：“双鸟在林，不如一鸟在手。”你若想成为一名非同凡响的角色，你就必须学会在两难的选择中，敢于决断，敢于行动。

下定决心去做，为成功奋斗

无论做什么事，付诸行动尤为重要。如果说敢想就成功了一半，那么另一半就是去做。立刻去做，大量地去做、持续不断地去做，是你战胜挫折的唯一捷径，这样，你才能到达理想的彼岸，才能登上成功的列车。

现实中，能使我们为之奋斗的是理想；而实现理想所必需的是行动。正如一位名人所说的："理想是彼岸，现实是此岸，中间隔着湍急的河流，行动就是架在两岸之间的桥梁。"我们所需要的正是一份坚持不懈的信念，这种信念下的坚定的行动，才能使我们一步步接近心中理想的殿堂。

人的一生有太多的等待，在等待中，我们错失了许多机会，在等待中，我们白白浪费了宝贵的光阴；在等待中，我们由一个英姿勃发的青年，变为碌碌无为的老年人，我们还在等待什么？今天的事今天就做完，现在要做的事马上就动手，成功属于立即行动的人。比尔·盖茨说："想做的事情，立刻去做！当'立刻去做'从潜意识中浮现时，立即付诸行动。"

一分耕耘，一分收获。你有怎样的付出，就会有怎样的收获，天上不会掉馅饼。如果你不付出艰辛的努力，就想获得成功，那是痴心妄想。你想收获吗？一定要有起码的付出。在这个世界上，你要得到多少，你就得付出多少。要想成功，就要把希望放在明天，把计划放在今天，把行动放在现在。克服畏难情绪，毫不犹豫，起而行动，扎扎实实做好每一件事，只有这样，心中的慌乱才会得以平定，才能拼出成功的魔方。下面是著名作家兼战地记者西华·莱德先生的故事：

当我推掉其他工作，开始写一本书时，心一直定不下，我差点儿放弃，也就是说，几乎不想干了，最后我强迫自己只去想下一个段落怎么写，而非下一页，当然更不是下一章。整整6个月的时间，除了一段一段不停地写以外，什么事情也没做，结果居然写成了。

"几年以后，我接了一件每天写一个广播剧本的差事，到目前为止一共写了2000个剧本。如果当时签一张'写作2000个剧本'的合同，我一定会被这个庞大的数目吓倒，甚至把它推掉，好在只是写一个剧本，接着又写另一个，日积月累，真的写出这么多了。"

任何想要的结果，都是通过行动才会得到，你栽下苹果树，你会得到苹果；你种下香蕉树，你会收获香蕉，你什么都没有种，你什么也不会得到。汗水就是行动，行动就是努力。无论在哪个领域，如果不努力去行动，那么终将无法获得成功。如果不行动、不努力，要想捕捉到任何成果都是不可能的事情。

许多人总是等到自己有了一种积极的感受再付诸行动，这些人其实是本末倒置，积极行动会导致积极思维，而积极思维会导致积极的人生心态，心态是紧跟行动的，你的内心怎样想，你就会采取怎样的行动，也就会产生怎样的结果。

成大事者皆有志，成大事者更具有坚定不渝的行动。马克思曾说："只有行动才会产生最后的结果。任何伟大的目标、伟大的计划，最终必然会落实在行动上。”拿破仑也曾说：“想得好是聪明，计划得好更聪明，做得好是最聪明又最好。”人生活在现实中，只有不畏劳苦地沿着陡峭山路攀登的人，才有希望到达光辉的顶点。只有行动起来，才能到达理想的彼岸，才能登上成功的列车。

贝尔在试制电话机时，感到有些问题还没有把握，便去向著名物理学家约瑟·亨利请教。贝尔谈了自己的设想，然后恳切地问：“先生有何见教？”“干吧！”亨利回答说。贝尔不安地说：“可是，先生，我对电的知识知道得很少呀。”“学吧！”亨利又简短地回答。电话机试制成功后，贝尔激动地说：“如果不是亨利先生的这两个词的鼓励，我是不可能发明电话机的啊！”

当年，迪斯尼为了实现他心中的梦想，不断地呼吁去建造一个乐园，可是当时有很多人反对他，有的人担心会对环境产生影响；有的人担心他的资金有问题；有的人甚至怀疑他的头脑有问题；还有的人说政府不会批那么大的一片地，可是迪斯尼不断地去想各种各样的方法：资金方面有问题，他跑了 143 次银行。他积极地寻求各方面资源的支持，最后，他梦想中的乐园——迪斯尼乐园，终于在美国开始兴建，到现在，被复制到世界各地。

人人都能下决心做大事，但只有少数人能够立即去执行他的计划，也只有这少数人才是最后的成功者。有不少这样的人，他们并非不知道行动的重要，但是迟迟不愿意行动，结果又产生负疚感，造成意志瘫痪。很多情况下,人们与其说是因为恐惧而不去行动,不如说是因为不去行动而导致恐惧。许多事情的难度都由于我们的犹豫和摇摆加大了。

人生就是如此,只要你迈步,路就会在脚下延伸。只有起程,我们才会向理想的目标靠近。无论你的梦想和目标是什么,这些都只是你成功的开始,更主要的是立即开始行动,从而实实在在地看到成功的希望。这一点被许多人所忽略,都以失败告终。洛克菲勒说:“不管一个人的野心有多大,他至少要先迈出第一步,才能到达高峰。”一旦起步,继续前进就不太困难了。工作越是困难或不愉快,越要立刻去做,坚持每天迈步向前,日积月累,就能达到目标。

任何一个愿望和梦想都有实现的可能,只是任何一种理想的实现都依赖于你的实际行动和艰辛的劳动。虽然行动并不一定能带来令人满意的效果,但不采取行动是绝无满意的结果可言的。机遇和成功之间不能画等号,要将机遇转化为成功,需要的是去做、去做、再去做!

成功属于第一个吃螃蟹的人

要想以最快的时间达成自己内心的愿望，就需要一种独辟蹊径的精神。如果只是踩着前人制好的路线，跟在别人身后，是绝不可能闯出一片属于自己的天地的。聪明的人不随大流，目光独到，在别人还没“睡醒”之前就已经行动了。

生活中,总有一些人多年来只是踱步在传统而保守的道路上,尽管他们年轻时都有着远大的梦想和抱负，却因为因循守旧而与众多机会失之交臂，最终，平平凡凡，一事无成。早起的鸟儿有虫吃。卓越的成功者在做每一件事时都要比别人早一步，都要比别人更迅速地掌握未来的动态、信息和走向。要想创大业、建大功，就要处心积虑抢占先机而不落于众人之后，就要让人追随我而不是我追随人。

总是步别人后尘的人是成不了大器的。如此一来，成功永远属于别人，自己得到的只是残羹冷炙。在某一领域的“领袖”，几乎都是起步比较早的人，他们不一定比别人做得好，但是，因为起步早，他们有更多的机会改正错误。什么事都先人一手就能取胜，等他人追赶的时候，他们又大步向前，拉开了彼此的距离，因而他们永远处于领先的位置。

竞争如同弈棋，一着失先，则步步落后。那时，需要花费很大努力才能扭转被动局面。一着占先，则步步主动，利于掌握全局。亦步亦趋是没有出息的，要想做大事、赚大钱，一定要抢在对手之前出新招。

有一天，著名服装设计师马莉正在街上散步，有几位充满青春活力的姑娘正在叽叽喳喳地议论着一款新设计出来的裙子，“这款裙子长了，连老太婆穿也合适，这正好掩盖她们失去弹性的双腿。”“太对了，我们修长的腿在这款裙子里面，谁也看不见。”“现在的时装设计师太没有创意，也太没有想象力了，怎么没有一个能够替我们这些年轻人着想一下的大师呢？”

“做超短裙，让年轻姑娘大胆地向世人展示修长美丽的大腿！”一个大胆的设计方案在马莉脑海中“蹦”了出来，发现了大的商机。马莉不敢有半点怠慢。她连夜开工，把能找到的布料都拿出来，边设计边加工，一下推出数十种不同面料的样裙。第二天一大早，她又亲自把样裙拿到店里，摆放在橱窗的最显眼处。“马莉服装店的短裙太迷人了，穿在身上，尽显青春爽朗的气息。”人们奔走相传同一信息，少女们蜂拥而至寻找“马莉超短裙”；工人们加班加点地生产也满足不了巨大的需求。

马莉的成功缘于她在灵光一闪时便构思成的新商品。“行动像食物和水一样，能滋润我，使我成功。”马莉如是说。

确实，好的创意是心动，当然要快。有了好的创意，一定要马上付诸行动；时过境迁之后，它就犹如明日黄花再也不值钱了。创业，既然带着一个“创”字，就意味着要在别人没有走过的地方踩出一条路，在大家都没有瞧到的时候点起一盏灯。要创业就得有个闯劲，这就需要敢拼敢打，不惧别人的非议，不怕众人的冷眼。敢于拼搏，才能在荆棘丛中走出一条新路，才能在崎岖的小道上走向成功。

现代社会，时不我待。成功者千差万别，却有一定之规。成功的秘诀何在？世界顶级管理者一语破的：一招鲜，吃遍天。成功之路就在脚下。在田径运动场上，冠军只比亚军快零点一秒，却将夺得所有的荣誉；在商场中也是这样，“快鱼吃慢鱼”，领先对手的一个要点是，根据对手的策略，抢先一步下手。

做任何事绝不能一条道走到黑，因循守旧与墨守成规只会导致事业的破败。要想拥有巨大的财富，就必须具有独特的眼光，敏锐的观察力，想前人所不敢想，做他人不愿做的事情。

大连韩伟企业集团创始人韩伟，从一个家庭养鸡场起步，做成了"中国鸡王"。他的成功之处就在于以变化的眼光看市场，始终领先别人一步。1984年，韩伟自筹资金3000元，办起家庭养鸡场。那时改革开放刚刚开始，以商业为目的的家庭养鸡户极少，所以他做得很顺手。后来，家庭养鸡场越办越多，韩伟又先人一步，贷款15万元，办起真正的养鸡场，以规模效益取胜。这一步棋他又走对了，在同行面前取得了很大的竞争优势。

几年后，养鸡场渐渐多了起来。韩伟意识到，靠传统方法养鸡已经不具备竞争力，必须加大科技投入，降低养鸡成本。于是，他又扩大投资，建成一座现代化养鸡场。设施全部自动化，整个鸡舍只需一个人操作，这在当时绝对算得上超前。他的鸡场产量相当高，每只鸡平均年产蛋达20千克。而一般的大鸡场每只鸡平均年产蛋只有12千克，当时的国际先进水平也只有18千克。产量大、成本低，他的竞争优势十分明显。

又过了几年，韩伟看到市场过剩经济已现端倪，仅生产普通鸡蛋，前途难测。于是，他高薪聘请中科院营养学专家开发绿色鸡蛋。这正好迎合了人们普遍崇尚的生活品质和钟情绿色食品的心理。所以，他的绿色鸡蛋一上市，不仅畅销国内，还远销国外。

截至2000年，韩伟个人资产达5600万美元，被美国《福布斯》杂志评为中国50位富豪之一。

这个世界上为什么这么多人碌碌无为、平庸一生，是因为他们有一个习惯思维，"我凭什么要这么做""别人怎么不做""我为什么要做"。正是有了

这么多的“思想上的巨人，行动上的矮子”，才有了那么多自叹自怨的人。他们常常抱怨，自己的潜能没有被挖掘出来，自己没有机会施展才华。他们甚至知道如何去施展才华和挖掘潜能，只不过不敢去做罢了。思想只是一种潜在的力量，是有待开发的宝藏，只有敢于去做才是开启力量和财富之门的钥匙。

走别人不愿走的路，做别人不愿做的事，你才能踏上一条成功的捷径。要知道，上帝总是把最美的果实留给那些敢为人先的人。所以，成功者总是那些敢做别人不愿意做的事情的人。

每个人都有自己的路，不要跟从别人的脚步，做与别人一样的事情，走与别人相同的路。要知道，在这个世界上，没有任何成功者的人生是一样的。当你找到属于自己的路，开始做别人不愿意做的正确的事时，你就踏上了成功的捷径。

成功的前提是充实自己

一个积极主动的人，不会只停留在已有的成绩上，他总是不停地开拓，不停地创造。世界是变化的，社会是发展的，因而不能被动地守着原有的东西，而应该主动地去适应这种变化，不断地创新，不断地前进，不断地获得成功。

不要再只是被动地等待别人告诉你应该做什么，而应该主动去了解自己要做什么，并且规划它们，然后全力以赴地去完成。想想今天世界上最成功的那些人,有几个是唯唯诺诺、等人吩咐的人呢?

许多人被成功拒之门外,并不是成功遥不可及,而是他们不能发现自己,他们主动放弃,认定自己不会成功。事实上,只要你每天限定自己一定要超越自我一小步,成功便会如约而至地出现在你眼前。成大事的人就是如此。要获得卓越的成就,就应该主动追求。思想积极了,你才会摒弃懒散的习性。你必须让潜意识充满积极的想法,无论任何状况,你都要超越自我。

卡耐基曾经说:“只要你向前走,不必怕什么,你就能发现自己,成功一定是你的!”一个有积极态度的人,不会只停留在已有的条件或已有的成绩上,他总是不停地开拓,不停地创造。世界是变化的,社会是发展的,我们不能被动地守着原有的东西,而应该主动地适应这种变化,不断地创新,不断地前进。谁有这种主动创新的积极态度,谁就能不断地排除困难,不断地获得成功。

钢铁大王安德鲁·卡内基19岁的时候在宾夕法尼亚铁路公司做电报员,一次偶然的机会,卡内基处理了一件意外事件,使他得到提升。

当时的铁路是单线的,管理系统尚处于初级阶段,用电报发指令只是一种应急手段,有很大的风险,只有主管才有权力用电报给列车发指令。斯考特先生经常要在晚上去故障或事故现场,指挥疏通铁路线,因此,许多时候他都无法按时来办公室。一天上午,卡内基到办公室后,得知东部发生了一起严重事故,耽误了向西开的客车,而向东的客车则由信号员一段一段地引领前进,两个方向的货车都停了。到处都找不到斯考特先生，卡内基终于忍不住了，发出了“行车指令”。他知道，一旦他的指令错误，就意味着解雇和耻辱，也许还有刑事处罚。卡内基在《自传》中写道：“然而我能让一切都运转起来，我知道我行。平时我在记录斯考特先生的命令时，不都干过吗？我知道要做什么，我开始做了。我用他的名义发出指令，将每一列车都发了出去，特别小心，坐在机器旁关注每一个信号，把列车从一个站调到另一个站。当斯考特先生到达办公室时，一切都已顺利运转了。他已经听说列车延误了，第一句话就是：‘事情怎样了？’”

当斯考特先生详细检查了情况后，从那天起，他就很少亲自给列车发指令了。不久，公司总裁汤姆逊先生来视察，见到卡内基便叫出他的名字，原来总裁已经听说了他那次指挥列车的冒险事迹。

莎士比亚曾说：“聪明人会抓住每一次机会，更聪明的人会不断创造新机会。”这句话的意思是说我们对待机会要采取主动的态度，甚至要用我们的行动增加机会出现的可能性。著名剧作家萧伯纳说过一句非常富有哲理的话：“征服世界的将是这样一些人：开始的时候，他们试图找到梦想中的东西。最终，当他们无法找到的时候，就亲手创造了它。”真正的成功者不但要善于把握机会，更要善于创造机会。

其实，在主动进取的人面前，机会是完全可以“创造”的。新中国石油战线的“铁人”王进喜有一句名言：“有条件要上，没有条件创造条件也要上。”创造条件就是创造机会。如果你想成就某种事业而又不具备相应的条件，你就没有机会，而当你通过努力使自己具备了这些条件，就为自己创造了机会。努力提高自身的能力和水平，增强自身的优势，就会使自己面临更多的机会，对于一个人和一个企业都是如此。

我国著名导演张艺谋在成为大导演之前可谓历经坎坷曲折，但他以进攻的姿态为自己创造了一次次机遇。1978年，北京电影学院在“文革”后首次招生，按他的家庭情况，他是难过“政审”关的。但他用自己几年来的摄影作品“开路”，给素昧平生的文化部长黄镇写了一封恳切真诚的信，并附上自己的作品。颇懂艺术的部长有强烈的爱才之心，于是派秘书去电影学院力荐张艺谋，他才被破格录取。尽管在校表现优秀，但命运仍然对他不公，毕业后，他被分配到广西电影制片厂这个小厂。但他并没有因处境不佳而自我埋没。外部条件不好，厂小、人少、设备差、技术力量薄弱，这些都是不利的因素。但这里也有大厂所不具备的条件，那就是科班毕业生少，名导演、名摄影师少，因而，论资排辈的做法不像大厂那么突出。张艺谋主动请缨，挑起大梁，以卓越的摄影才能，一炮打响，荣获“中国电影优秀摄影奖”。

做个主动的人，要勇于实践，做个真正做事的人，不要做个不做事的人。创意本身不能带来成功，只有付诸实践时创意才有价值。用行动来克服恐惧，同时增强你的自信。怕什么就去做什么，你的恐惧自然会立刻消失。自己激发内在的精神，不要坐等精神来推动你去做事。主动一点，自然会精神百倍。

时时想到“现在”“明天”“将来”之类的句子跟“永远不可能做到”

意义相同，要变成“我现在就去做”。立刻开始工作，态度要主动积极，要自告奋勇去改善现状。要主动承担义务工作，向大家证明你有成功的能力与雄心。

有了目标，没有行动，一切都会与原来的目标背道而驰。有了积极的人生态度，没有立即行动，一切都极有可能转向成功的反面。所以说，主动是一切成功的创造者。赫胥黎曾说过：“人生伟业的建立，不在能知，乃在能行。”并且不厌其烦地强调“行”乃是扭转人生最有力的武器。

不同的行动就会产生不同的结果，从结果中又可带出新的行动，把我们带向特定的方向，最后就决定了我们的人生。这就是何以少数人能从芸芸众生中脱颖而出的原因，他们不但有行动，并且有不同于一般人的主动。

没勇气，就只能庸庸碌碌

一个没有胆识的人，再好的机会到来，也不敢去掌握与尝试；因为不敢尝试，固然也就没有失败的机会，但也失去了成功的机会与喜悦。只有具有勇敢精神的人才能让平凡的自己做出惊人的事业。没有勇气登上顶峰的人，最终只能在底层徘徊。

人生好比一座山峰，需要我们去攀登。在攀登的过程中，有悬崖也有峭壁，这时就需要你拿出勇气。勇气是成功的前提，拥有勇气，你就向成功迈进了一步。其实，所谓的成功者，他们与其他人的唯一区别就在于，别人不愿意去做的事，他去做了，而且全身心地去做。所以，成大事其实只需要那么一点点勇气。

强者从来不知道什么叫失败。他们让人敬佩的地方不在于永不失败的精神，而是那屡败屡战、越战越勇，最后获得胜利的勇气。一个人即使什么都没有了，但至少还有勇气，那是人生最大的财富；有了勇气，就拥有了一切，就成了战胜众人、夺得王者之位的强者！

如果失去了金钱，失去的也只是一点点；失去了工作，你就失去了许多；如果你失去了勇气，那你一切都失去了。有人认为勇气是天生的，事实上，勇气大部分是通过后天锻炼和培养的。现实生活中，如果一个人缺少了勇气，哪怕有再多的知识、再强的体魄，也无济于事。

日本三洋电机的创始人是井植岁男，有一天，他家的园艺师傅对井植说："社长先生，我看您的事业越做越大，而我却像树上的蝉，一生都坐在树干上，太没出息了。您教我一点创业的秘诀吧！"井植点点头说："行！我看你比较适合园艺工作。这样吧，在我工厂旁有2万平方米空地，我们合作种树苗吧！树苗1棵多少钱能买到呢？""40元。"井植又说："好！以1平方米种2棵计算，扣除走道，2万平方米大约种2万棵，树苗的成本不到100万元。3年后，1棵可卖多少钱呢？""大约3000元。""100万元的树苗成本与肥料费由我支付，以后3年，你负责除草和施肥工作。3年后，我们就可以每棵获利3000元，共2万棵，应为6000万元！到时候，我们每人一半利润。"听到这里，园艺师傅却拒绝说："哇！我可不敢做那么大的生意!”最后，他还是在井植家中栽种树苗，按月领取工资，白白失去了致富的良机。

很多时候，并不是你的能力不行，也不是你没有机会成就大事业，而是你信心不足，勇气不够，骨子里有一种天然的惰性，一遇到困难就妥协了、退缩了、放弃了。成功者不是这样，他们敢于与命运抗争，不断前进，直到取得自己满意的结果。

谁也不想使自己的一生碌碌无为，人人梦想一生成功、富贵，可是只有少数人与成功和财富结缘。我们常常抱怨自己没有遇到好机会，生不逢时，然而机会一旦降临，你是否有足够的勇气和胆识去把握呢？中国富翁陈天桥无视破产和合作商撤资的危险，坚定自己的信念，勇敢果断地进军网络领域，刮起了一股网络旋风，创造了令人惊叹的财富奇迹。

“勇敢”是一个想获得成功的人必不可少的品质。蒙哥马利在他的回忆录中这样说:“要取得成就有很多必要条件，其中两条非常重要，那就是苦干和正直。现在得再加上一条:勇气。”很多时候，成功的门都是虚掩着的，勇敢地去叩开成功之门，并大胆地走进去，才能探寻出究竟。

一天，某公司总经理向全体员工宣布了一条纪律:“谁也不要走进8楼那个没挂门牌的房间。”但是，他没有解释为什么。此后真的没人敢违反他的这条“禁令”。

三个月后，公司又招聘了一批新员工。在大会上，总经理再次将上述“禁令”予以重申。一个新来的年轻人偏偏来了犟脾气，非要把事情弄个水落石出不可。于是，他决定冒公司之大不韪，走进那个房间探个究竟。这天，他走到8楼，轻轻地叩了叩那扇门，没有反应。年轻人不甘心，进而轻轻一推，虚掩着的门开了。房间里没有任何摆设，只有一张桌子。年轻人看到桌子上放着一个纸牌，上面用毛笔写着几个醒目的大字——“请把此牌送给总经理”。当年轻人自信地把纸牌交到总经理手中时，总经理一脸笑意地宣布了一项让年轻人非常震惊的命令：“从现在起，你被任命为销售部经理助理。”

在后来的日子里，那个年轻人果然不负众望，不断开拓进取，把销售部的工作搞得红红火火，并很快被提升为销售部经理。事后，总经理才向众人作了如下解释：“这位年轻人不被条条框框所束缚，敢于对上司的话问个‘为什么’，并勇于冒着风险走进某些‘禁区’，这正是一个富有开拓精神的成功者应具备的良好素质。”

一个人的成功并不在于你取得多大的成就，而在于你是否具有屡败屡战、敢于坚持的勇气。成功者不比普通人更有运气，只是比普通人更能延续最后5分钟的勇气。意大利著名记者法拉齐说：“人只要有勇气，就没有办不成的事。”她就是凭着一股勇气，采访了诸多国家的首脑，为人们树立了榜样。

英国19世纪女作家乔治·爱略特曾说：“犹豫代表了胆怯，意味着害怕失败，而丧失勇气去尝试的同时也失去了唯一一个你可能成功的理由。”在生命的最后瞬间才理解不能犹豫，已经晚矣。人的一生是短暂的，在这短暂的生命中，带着勇气去敲响成功的大门，你就有成功的希望。要做个成功者，对你来说重要的是学会在困难时刻如何坚持前进。为了尽可能地赢得机会，你必须在紧急情况和发生问题时勇敢面对，坚持下来。只要你积极地为克服困难而努力，就有机会找出新出路的所在，要相信，勇敢出才干。

那些成功的人，即使失败了100次，也有勇气继续向第101次发起冲击，只要有一口气，他就会努力去拉住成功的手，除非上天剥夺了他的生命。奋斗者，破产只是一时；而不奋斗者，则必将一生贫穷。只要你没有失去勇气，敢于拼搏，就一定会取得成功。

不怕竞争，提升能力

竞争可以进一步促使一个人确立目标和志向，增强自身的活力和动力，缩小自己的能力与目标之间的差距。一个人在平等的竞争中，能够充分发挥自己的聪明才智，能够极大地发扬自己的创新智慧。因此，竞争可以成为催人奋进的有效动力。

竞争是不可避免的，人与人之间的竞争不见得是坏事。古人有“并逐曰竞，对辩曰争”的说法，意思是说：你追我赶，互相辩论，就叫作竞争。人若不参加竞争，就不够紧张，不够活跃，内心深处的热情就调动不起来，你自己的潜能就发挥不出来。可见，我国古人对于竞争及其作用，已经有了相当的了解。

实际上，在我们的生活、工作以及从事的各项活动中，都存在着各种形式的竞争。谁的工作业绩最突出？谁的演说口才最好？谁的动手能力最强？甚至谁经常受到单位领导的表扬等，都可能形成无形的竞争。因此，我们在生活和工作中应当自觉培养自己的竞争意识和竞争精神。但在有些人的意识里，总以为竞争是残酷和血腥的，所以，他们只提倡团结合作，而不提倡竞争。其实，列宁就是竞赛和竞争的倡导者，他认为竞赛和竞争可以"在相当广阔的范围内培植进取心、毅力和大胆首创精神"。

一个人在平等的竞争中，能够充分发挥自己的聪明才智，能够极大地发扬自己的创新精神和奋斗精神。因此，竞争可以成为催人奋进的有效动力。在心理学中，竞争被视为能激发一个人自我提高的一种动机和形式。

在非洲的大草原上，生活着一群羚羊和一群狮子。每天清晨，羚羊枕着露水从睡梦中睁开双眼时，它想到的第一件事就是，今天我必须比跑得最快的那只狮子还要快，否则我就会变成狮子嘴中的美餐。而狮子醒来后同时在想，我今天要不想饿肚子，就必须比跑得最慢的羚羊更快。在这片广袤无垠的大草原上，于是，几乎是同时，羚羊和狮子一跃而起，迎着朝阳跑去。

动物界如此，我们人类又何尝不是这样呢？在机遇和挑战面前人人平等，如果自己不主动去竞争、去抗争，迟早也会和跑得慢的羚羊一样，被别人排挤，甚至被别人"吃掉"。竞争有如抢滩登陆，这个时候你没有退路，要有置之死地而后生的气概。后退，是江洋大海，生还的希望是没有的；前进，道路崎岖，甚至没有道路。崎岖的道路，你得踏平它；没有道路，就开辟一条。这样等待你的就是成功的喜悦和收获的满足。

现实是残酷的，在人生的竞赛场上，冠军只有一个。成功者的背后，总有一些人被击垮、倒下。要想不倒下，你就得抓住、抢占每一个机遇，击垮所谓的对手。机遇之花在竞争之中盛开。当你面对一次竞争，你就获得了一次可贵的机遇。失败了，你可以积累经验，从头再来；成功了，你的信心会更加强盛，你会感受成功到来的喜悦。这样的事情为什么你要拒绝呢？

一种动物如果没有对手，就会变得死气沉沉。同样，一个人如果没有对手，那他就会甘于平庸，养成惰性，最终碌碌无为。一个群体如果没有对手，就会因为相互的依赖而丧失活力、丧失生机。一个行业如果没有了对手，就会丧失进取的意志，就会因安于现状而逐步走向衰亡。有了对手，才会有危机感，才会有竞争力。有了对手，你便不得不奋发图强，不得不革故鼎新，不得不锐意进取，否则，就只有等着被吞并、被替代、被淘汰。

按照达尔文生物进化论的观点，在自然界中，到处都存在着一种竞争的法则，在这种竞争法则的作用下，这个世界才显得生机勃勃。如果一个物种失去了竞争的环境，这一物种就会失去活力，死气沉沉而陷入灭种的边缘。

在动物界，狼是一种非常聪明的动物，如果让单只狗与单只狼搏斗，败北的肯定是狗。虽然狗与狼是近亲，它们的体型也难分伯仲，但为什么败北的总是狗呢？有人曾就这个问题仔细地对狗与狼进行了研究。结果发现，经人类长期豢养的狗，因为不需面临生存的危机，狗的脑容量大大小于狼，而生长在野外的狼，为了生存，它们的大脑被很好地开发，不但非常有创造性，而且有着异乎寻常的生存智慧。

在现实生活中，竞争意识比较强的人，勇于投入竞争，积极从事各项具有竞争性质的活动，竞争对于这种人的激励作用往往比较大，它可以进一步促使一个人确立目标和志向，增强自身的活力和动力，缩小自己能力与目标之间的差距。相反，一个竞争意识薄弱的人，或者是一个害怕竞争的人，往往会把竞争中一时的胜负看得过重，不容易理解“胜败乃兵家常事”的道理，更缺乏把失败看作成功的先导的胸怀，一旦遇到挫折，就想从该项活动中退出。

许多人都把对手视为心腹大患，异己，眼中钉，肉中刺，恨不得马上除之而后快。其实，只要仔细一想，便会发现拥有一个强劲的对手，反倒是一种福分，一种造化。因为一个强劲的对手，会让你时刻有种危机四伏的感觉，它会激发起你更加旺盛的精神和斗志。

事物的法则，永远是用进废退，这是颠扑不破的真理。一个人要想在异常激烈的社会竞争中不被淘汰，还是有一点生存危机的好。在生活和工作当中出现竞争对手并不是一件坏事情，反而是一件好事，因为他能使你充满活力而富有朝气。

但是，有了竞争对手后，我们还应当树立正确的竞争观念，把对手当作生活的一面镜子，从尊重和欣赏的角度出发，学习对方的长处。在竞争中，不断完善自我，弥补自己的不足，促进自己的发展，这样才能挖掘自己的潜力，踏上成功的道路。

敢于冒险，胜在险中求

成就赢家的因素有很多，既需要智慧和运气，更需要冒险精神。敢于冒险，这是成功的构成因素。在勇冒风险的过程中，这种经历会不断地向我们提出挑战，不断地奖赏我们，也会不断地使我们恢复活力。

为什么成功只属于少数人？因为他们具备常人不具备的胆量，正所谓“富贵险中求”，与风险不沾边的人，多数是与成功无缘的人。

世界上大多数人不敢冒险，因为这些人的胆子比较小，他们熙来攘往地拥挤在平平安安的大路上，四平八稳地走着这条路，虽然平坦安宁，但距离人生成功的风景线却迂回遥远，永远也领略不到奇异的风情和壮美的景致。他们只能平庸、清淡地过完一辈子，一直到人生的尽头也没有享受到真正成功的快乐和幸福的滋味。

作为青年人，一方面要通过学习和实践不断增长智慧，另一方面还要永远保持冒险精神。自卑自忧、谨小慎微并不是成功者的品质；裹足不前、举棋不定，只能在当今瞬息万变的社会中被淘汰出局。

卡赫利法是沙特阿拉伯著名商业家卡西比的后裔，当他继承其家族企业衣钵时，曾辉煌一时的家族企业已出现了市场萎缩、资金紧张等情况，一时间千疮百孔。卡赫利法被逼无奈，只好背水一战了。

卡赫利法天生具有一种“不安分”的商人的性格，他明白，步家庭企业经营道路的后尘，一定行不通，只有适度冒险，才能将败局挽回。

于是，他开始到处寻觅商机。有一次，他看到报纸上有一则沙特阿拉伯驻军需要外地食品的消息，便意识到这是一个千载难逢的良机，必须紧紧抓住。但是，他的家族企业从来没做过进出口食品的生意，这项生意需要大量资金投入，有一定的风险。不过，卡赫利法想：不敢冒风险，就闯不出一条新路来。于是，他以家族企业的固定资产做抵押，向银行借贷了一笔资金，在沙特阿拉伯西部的吉达港将食品进口公司的牌子挂起，大批量购买埃及的食品，然后转手卖给沙特军方。这块神圣的处女地，终于被卡赫利法抢先一步占领。他的生意逐渐做大，财富也在不断积累。从此，卡赫利法有了本钱，他将生意做大的信心就更坚定了，于是他又开始思考如何开拓一块新领域。

有一年，阿拉伯半岛十分炎热，令人难以忍受。卡赫利法又动了一番脑筋：假如开设一家冷冻食品店，一定会有利可图。但是，这种生意从来没人做过，会不会有风险呢？他没有想太多，又投入了一些资金，冒着失败的风险，在美军石油公司的旁边开设了一家冷冻食品店，出售袋装食品和冷饮。不料，这些商品很受饥渴难忍顾客的欢迎，商品经常供不应求。一些大商人也纷纷来进货，冷冻食品店从此发展起来。此时，卡赫利法已经成为富甲一方的富翁了。

倘若这样经营下去，凭借卡赫利法的智谋，别人很难取胜。钱，他还是能够赚的。然而，卡赫利法不愿意与后来者在同一条起跑线上竞争，他开始刻苦创新，寻找新的起点。经过分析了解，他又盯住尚未兴起的渔业。他将冷冻食品店卖掉，开设了一家渔业公司，从事渔业贸易。经过几年的努力，到1986年，卡赫利法已经成为海湾地区渔业的龙头，他拥有10多条渔船，年渔业产值500万美元，鱼产品销售量很高。

市场存在一定的规律，当某一行业财源滚滚，其他行业便会随之而来，出现有利于大家竞争的局面。其他一些商人看到卡赫利法在发渔业财，十分羡慕，便接连不断地挤了进来，都想抢先。一时间，波斯湾千船齐发，万网并张，展开了一场激烈的市场争夺战。

卡赫利法明白，捕鱼船能够不断扩展，但鱼却不增加。于是，他又将船队果断卖掉，从渔业退出，寻觅另一条道路。没过多久，卡赫利法发现中东饮用水匮乏，遂开办了一家生产、经营矿泉水的公司，他又一次大获全胜。

卡赫利法从起初的默默无闻，发展成为赫赫有名、富甲一方的大富翁，这一次次的机遇，一次次的成功，使得卡赫利法在阿拉伯商界中成为一位传奇人物。为什么卡赫利法总是和财富有缘，永不言败呢？其中一个非常重要的诀窍，就是敢于冒险。

每当人们遇到严峻形势时，习惯的做法是小心翼翼，保全自己。不是考虑怎样发挥自己的实力，而是把注意力集中在怎样才能减少自己的损失上。

世界上大多数人不敢走冒险的捷径。他们熙来攘往地拥挤在平平安安的大路上，四平八稳地走着，这条路虽然平坦安宁，但他们永远也领略不到奇异的风险和壮美的景致。这种人生是什么样的人生呢？而且，这也是一种难以逃避的风险，是一种越来越无力改善现状的风险。

每个人知道通往成功的路上需要冒风险，我们中的许多人却惧怕冒险，为什么呢？主要是冒险使我们离开原有的安逸圈子。就好比准备跳下一座悬崖，而下面却没有一点安全防护措施。如果我们总是选择安稳而放弃尝试一些新鲜的东西，无疑我们的生活会失去一些令人激动的内容。人生需要冒险，强者都有冒险的习惯。平静单调的生活会让强者失去斗志，失去活力。经常冒险可以使你对生活保持持续的热情和永不衰减的情趣，在这冒险的过程中，你将拥有充满活力的生活。

成都人王克信奉“胆大走四方，危险出商机”的理念，勇敢地冲出国门，把生意做到了动荡不安的柬埔寨，做到了炮火纷飞的伊拉克。因为“胆大妄为”，他在短短的几年内积累了数千万资产。

当兵退伍后的王克被安排到政府机关工作。可是王克并不满足，渴望冒险的他觉得每天待在机关里按部就班地工作太没劲了，在 1994 年，王克辞职自谋生路去了。

初到柬埔寨，王克把目光锁定在生活用品的贸易上。为了减少开支，他每天骑着自行车四处推销。在推销过程中，王克还冒风险赊货给客商，销售额由此翻了好几番。从那以后，王克给一些大酒店、大超市送货都亲自开车去。有一次，在送货的过程中，王克遇到了警察与偷车贼的枪战，一颗呼啸而过的子弹距他的头部只有10厘米远。虽然这次冒险让王克后怕了好几天，但他做生意极高的信誉度却由此出了名。

几年下来，王克的总资产达到了五百多万美元。但王克并没有满足，而是将眼光放到了战火纷飞的伊拉克。从战争打响的第一天开始，王克就往返于成都和伊拉克的周边国家，源源不断地向伊拉克输送生活物资。那时候，经常有不知从哪里飞来的流弹从他身边擦过，而火光和爆炸声更是近在咫尺。许多当地的生意人都经受不了这种时时威胁的死亡恐惧而蜷缩起来，但王克却一直坚守在这片硝烟弥漫的土地上。王克认为，如果一个商人怕冒风险，那还叫什么商人？

尽管冒险被西方心理学家称为一种性格特征，但我们也看到了另一个事实：敢冒险的人总是在冒险，不爱冒险的人总是求稳戒变。在勇于创新的人眼里，冒险往往会成为一种具有鲜明特色的个人习惯。我们发现，那些具有冒险精神的人总是在不断尝试各种冒险的事情。

其实富人并不比普通人聪明，学识也不一定比一般人多，智商也不一定有多高。这些富人之所以能成功，是因为富人们具有的冒险精神或是敢想敢做的精神确实比普通人强。有些人很聪明，对不测因素和风险看得太清楚了，不敢冒一点险，结果聪明反被聪明误，永远只能平庸下去。实际上，如果能对风险的防范和转化进行谋划，则风险并不可怕。

对于那些害怕危险的人，危险无处不在。胆商高的人能够把握机会，该出手时就出手。没有敢于承担风险的胆略，任何时候都成不了气候。而大凡成就大事业的人，都具有非凡的胆略和魄力。

机遇面前，快者为王

> 能够超越你的竞争对手的关键，能够帮助你达到目标的关键，能够帮助你成功致富的关键，只有两个：一是行动；二是速度。成功始于心动，成于行动。只有飞快地行动，理想才能够变为现实；只有飞快地行动，才能让自己一步步地迫近成功。

在生活中，我们总是有希望而不去抓住，有计划而不去行动，坐视各种希望和计划慢慢地离我们远去。行动就是力量，一万个空洞的说教远不如一个实实在在的行动。如果你真的下定了决心并且立刻去做一件事，你的梦想往往会实现。

成功者的成功，要么给普通人以莫大的成功动力，要么给他们以莫大的压力。成功者都是普通的人，唯一的差别在于他们比普通人多做了某些事情，于是他们成功了。你之所以还仅仅停留在想成功上，是因为现状还没有将你逼上绝路，你还得混下去。篮球场上得分最多的人一定是投篮次数最多的人，同时也很可能是投篮而没有进球次数最多的人。大量的行动可能包含大量的失败，但同样包含大量的成功。重要的不是有多少次失败，而是得到了多少次成功。

机会来临时不要犹豫，马上行动，这是你走向成功的必经之路。比尔·盖茨曾说："你不要认为那些取得辉煌成就的人，有什么过人之处，如果说他们与常人有什么不同之处，那就是当机会来到他们身边的时候，立即付诸行动，决不迟疑，这就是他们的成功秘诀。”

一位原籍上海的中国留学生刚到澳大利亚的时候，为了寻找一份能糊口的工作，他骑着一辆旧自行车沿着环澳公路走了数日，替人放羊、割草、收庄稼、洗碗……只要给一口饭吃，他就会暂且停下疲惫的脚步。

一天，在唐人街一家餐馆打工的他，看见报纸上刊出了澳洲电讯公司的招聘启事。留学生过五关斩六将，眼看他就要得到那年薪3.5万元的职位了，不想招聘主管却出人意料地问他：“你有车吗？你会开车吗？我们这份工作时常外出，没有车寸步难行。”

澳大利亚人普遍拥有私家车，无车者寥若晨星，可这位留学生初来乍到还没有能力买车，也没有学车。为了争取这个极具诱惑力的工作，他不假思索地回答：

“有！会！”

“4天后，开着你的车来上班。”主管说。

4天内要买车、学车谈何容易，但为了生存，留学生豁出去了。他在华人朋友那里借了500澳元，从旧车市场买了一辆外表丑陋的“甲壳虫”。

第一天，他跟华人朋友学简单的驾驶技术；第二天，他在朋友屋后的那块大草坪上模拟练习；第三天，他歪歪斜斜地开着车上了公路；第四天，他居然驾车去公司报到了。没过多久，他就成了“澳洲电讯”的业务主管。

每个人都知道机会稍纵即逝，所以，要把握时机确实需要眼明手快地去“捕捉”，而不能坐在那里等待或因循拖延。

“机会不会再度来叩你的门。”徘徊观望是成功的大敌，许多人都因为对已经来到面前的机会没有信心，而在犹豫之间把它轻轻放过了。“机会难再有”，即使它肯再次光临你，但假如你仍没有改掉徘徊瞻顾的毛病的话，它照样会溜走。

1850年，大批淘金者来到美国旧金山淘金，到处是熙熙攘攘、川流不息的人群。这些人大都衣衫褴褛，蓬头垢面，一副疲于奔命的样子。他们尽管种族不同、语言各异，但是满脑子都在做一个共同的美梦：淘金发财。

在这支庞大的淘金队伍中，有个年轻的小伙子叫李维特·施特劳斯，他跟着两位哥哥远渡重洋也赶到美国来“发财”。然而现实并非李维特想象的那样：来这里淘金的人多如牛毛，淘金不是一件好做的事情！李维特盘算着，做生意或许比淘金更容易赚钱。于是他开了一间卖日用品的小铺。

在异国他乡要开好这个小店，李维特得向当地的美国商人学习做生意的窍门，还得学习他们的语言。没过多久，他就成为一个地道的小商贩了。

一天，有位来小店的淘金工人对李维特说：“你的帆布很适合我们用。如果你用帆布做成裤子，更适合我们淘金工人用。我们现在穿的工装裤都是棉布做的，很快就磨破了。用帆布做成裤子一定很结实，又耐磨，又耐穿……”

一句话就把李维特点醒了，他连忙取出一块帆布，领着这位淘金工人来到了裁缝店，让裁缝用帆布为这个工人赶制了一条短裤——这就是世界上第一条帆布工装裤。

就是这种工装裤后来演变成一种世界性的服装——牛仔裤。那位矿工拿着帆布短裤高高兴兴地走了。

李维特看到了机遇并付诸行动：立即改做帆布工装裤！

帆布短裤一生产出来，就受到那些淘金工人的热烈欢迎！这种裤子的特点是坚固、耐久，穿着舒适……

大量的订货单雪片似的飞来，李维特一举成名。

1853年，李维特成立了"李维特帆布工装裤公司"，大批量生产帆布工装裤，专以淘金者和牛仔为销售对象。

顾客的要求就像上帝的旨意，李维特对此是心知肚明的。从帆布工装裤上市的第一天起，他就没有停止过对自己产品的思考，哪怕是产品处于供不应求的状况。

他不断从生活中发现问题，产生更新的创意。他亲自到淘金现场，细心观察矿工的生活和工作特点，想方设法使自己的产品更能满足顾客的需求。为了让矿工免受蚊叮虫咬，他将短裤改为长裤，为了便于矿工把样品矿石放进裤袋时不会裂开，他将原来的线缝改为用金属扣钉，为了让矿工们更方便装东西，他又在裤子的不同部位多加两个口袋等。

通过不断改进和提高，李维特的裤子越来越受到矿工的欢迎，生意也因此更加兴隆了。

后来，李维特发现，法国生产的哔叽布具有与帆布同等耐磨力，但是比帆布柔软多了，并且更美观大方，于是他决定用这种新式面料替代帆布。不久，他又将这种裤子改缝得较紧身些，使人穿上显得挺拔洒脱。这一系列的改进，深受矿工们欢迎。经过不断革新改进，牛仔裤的特有样式形成了，“李维特裤”的称呼也渐渐改为“牛仔裤”这个独具魅力的名称。

李维特的成功，正在于他发现机遇并为此付诸了行动，从而掘到人生的第一桶金。因此，当你有一个好的计划时先开始做，只有在做的过程中才能发现问题，才能根据出现的问题解决问题，才能把梦想最终变为现实。当你的决心燃起心灵冲动的火花时，你就要想尽一切办法去实现你的愿望，而一旦你的梦想变为现实时，你的自信心会增强，又会促使你在下一次行动时更得心应手，这样就形成了良性循环。

假如你具备了知识、技巧、能力、良好的态度与成功的方法，懂得的知识比任何人都多，但你也可能不会成功。因为你还必须付诸行动，一百个知识点不如一个行动。假如你终于行动了，也可能不一定会成功，因为太慢了。在现代社会，行动慢就等于没有行动。你只有快速行动，立刻去做，比你的竞争对手更早一步知道、做到，你才有成功的可能。

人生会遇到很多机会，但总是稍纵即逝。当时我们不把它抓住，以后就永远错失了。有计划没有什么了不起，能快速执行定下的计划才算可贵。成功的人生需要持续不断地向自己发出闪电般的挑战，恒久追寻生命最为壮丽的美好未来。成功的重要秘诀，就是用最短的时间采取最大量、最有效的行动。

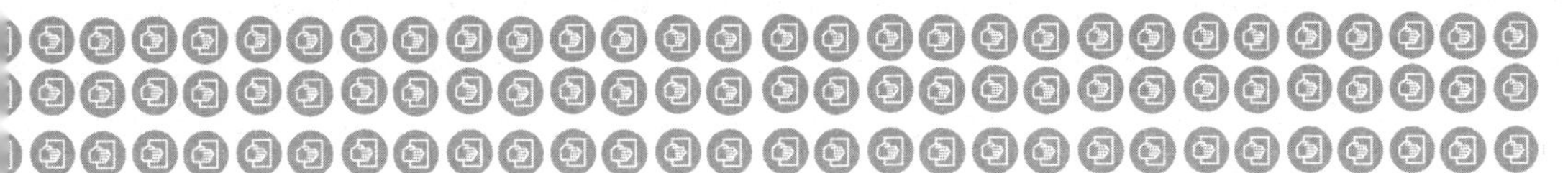

第三章

力争第一，成功不允许一点点懈怠

梦想越大，成就越高，起点低绝对不能没志气。只要认准目标，敢于面对自己的缺点并虚心学习，就能不断地提升自身的实力。能处处全力以赴，即使从事最平庸的职业也能增添个人的荣耀。在竞争中，不知足的精神，是无形的动力，人类正是在进取中不断地超越自我，创造卓越。它如同成功路上的一盏明灯，指引人向着光辉的顶点前行。

成功要有一飞冲天的气魄

梦想越大，成就越高，越是卓越的人生越是梦想的产物。如果一个人把目标定得过低，那他想要取得高层次的成功便会很困难。一个梦想大的人，即使没有达到最终目标，可他实际达到的目标都可能比梦想小的人的最终目标还大。

不少人认为天才或成功是先天注定的。但是，世上被称为天才的人，肯定比实际上成就伟大事业的人要多得多。为什么许多人一事无成，就是因为他们缺少雄心勃勃、排除万难、迈向成功的动力，不敢为自己制定一个高远的奋斗目标。不管一个人有多么超群的能力，如果缺少一个认定的高远目标，他将一事无成。

很多时候，我们有一番雄心壮志时，就习惯地告诉自己："算了吧，我想得未免也太过了，我只有一个小锅，可煮不了大鱼。"我们甚至会进一步找借口来劝退自己："我的胃口没有那么大，还是挑容易一点的事情做就好。别把自己累坏了。"其实，你应该放开思维，站在一个更高的起点，给自己设定一个更具挑战性的标准，才会有准确的努力方向和广阔的前景。切不可做"井底之蛙"。在订立目标方面，千万不要有"宁为鸡首，不为牛后"的思想。

"眼睛所看着的地方就是你会到达的地方。"戴高乐说，"唯有伟大的人才能成就伟大的事，他们之所以伟大，是因为决心要做出伟大的事。"田径老

师会告诉你："跳远的时候，眼睛要看远处，你才会跳得更远。"

几年以前的一个炎热的日子，一群人正在铁路的路基上工作，这时，一列缓缓开来的火车打断了他们的工作。火车停了下来，最后一节车厢的窗户打开了，一个低沉的、友好的声音响了起来："大卫，是你吗？"大卫·安德森——这群人的负责人回答说："是我，吉姆，见到你真高兴。"于是，大卫·安德森和吉姆·墨菲——这条铁路的总裁，进行了愉快的交谈。在长达一个多小时的愉快交谈之后，两人热情地握手道别。

大卫·安德森的下属立刻包围了他，他们对于他是墨菲铁路总裁的朋友这一点感到非常震惊。大卫解释说，二十多年以前，他和吉姆·墨菲是在同一天开始为这条铁路工作的。其中一个人半认真半开玩笑地问大卫，为什么他现在仍在骄阳下工作，而吉姆·墨菲却成了总裁？大卫非常惆怅地说："23 年前，我为一小时两美元的薪水而工作，而吉姆·墨菲却是为这条铁路而工作。"

梦想越大，成就越高。越是卓越的人生越是梦想的产物。可以说，梦想越高，人生就越丰富，达成的成就越卓越。梦想越低，人生的可塑性越差。俗话说："期望值越高，达成期望的可能性越大。"把你的梦想提升起来，它不应该退缩在一个不恰当的位置，要学会接受梦想的牵引。

美国潜能成功学大师安东尼·罗宾说："如果你是个业务员，赚 1 万美元容易，还是 10 万美元容易？告诉你，是 10 万美元！"为什么呢？如果你的目标是赚 1 万美元，那么你的打算不过是能糊口便成了。如果这就是你的目标与你工作的原因，请问你工作时会兴奋有劲吗？你会热情洋溢吗？

一个梦想远大的人，即使实际做起来没有达到最终目标，可他实际达到的目标都可能比梦想小的人的最终目标还大。所以，梦想不妨大一点，梦想可以燃起一个人的所有激情和全部潜能，载他抵达辉煌的彼岸。有了梦想，不要把“梦”停留在“想”，一定要付诸行动，制定目标，可以带给我们真正需要的方向感。独具慧眼的人，决不会把视野局限在眼前的小利上，而是用极有远见的目光关注未来。

蒙提·罗伯茨在圣司多罗有个牧马场，他在一次活动的致辞里讲到这个故事：初中时，有一次老师叫全班同学写作文。那一晚，一个小男孩费了很大的心血把作文写成了，他描述他的宏伟志愿是拥有一个属于自己的牧场。他仔细地画了一张200亩牧场的设计图，上面标有马厩和跑道的位置，在这一大片农场中央还要建一栋占地400平方米的豪宅。

两天后，他拿回了作文，看到第一页上打了个又红又大的“F”，小男孩下课后带着作文去找老师：“为什么给我不及格？”老师回答说：“你小小年纪，不要老做白日梦。你没有钱，没有家庭背景，什么都没有，你别太好高骛远了。”他接着说：“如果你肯重写一个不怎么离谱的志愿，我会重新给你打分。”小男孩回家反复思考了很久，然后征询父亲的意见。父亲对他说：“儿子，这是非常重要的决定，你必须自己拿主意。”经过再三考虑，这个男孩决定原样交回。他告诉老师：“即使不及格，我也不愿意放弃梦想。”

“我讲这个故事，是因为各位现在就身处于那200亩农场及占地400平方米的豪宅，那份初中时写的作文我至今还保留着。”罗伯茨对大家说：“两年前的夏天，那位老师带了30个学生来到我的农场露营一个星期，离开之前，他对我说：‘蒙提，说来有些惭愧，你读初中时我曾泼你冷水，幸亏你有这样的毅力坚持自己的梦想。’”

开始时心中就怀有一个远大的目标，会让你逐渐具有一种良好的工作方法，养成一种理性的判断思维和工作习惯。如果一开始心中就怀有宏伟的最终目标，就会呈现出与众不同的眼界。有了一个高的奋斗目标，你的人生也就成功了一半。如果思想苍白、格调低下，生活质量也就趋于低劣；反之，生活则多姿多彩，尽享成功乐趣。

许多伟人都坚信：你的目标越大，你的成就就越大。洛克菲勒曾说：“你要永远记得，构建伟大的梦想不一定比构建渺小的梦想花费你更多的时间和精力，而它却会带给你更多的回报。”当你的工作只是为了自己短期的利益时，你的动力不是最强烈的，一旦遇到挫折就会放弃。当你的工作是为了长期的利益而着想时，你的动力是强烈的，一旦遇到挫折，你会为了这种使命感而坚持到底并全力以赴。成功者之所以有强大的动力和不断努力，在于他们内心深处都有一种使命感。

在决定一个人成功的因素中，体力、智力、接受教育的程度都在其次，最重要的是一个人梦想能力的大小！有史以来，所有成功的案例都反复证明了一个道理，高瞻远瞩的梦想是神奇无比、无坚不摧的。你只需调动所有的潜能并加以运用，便能脱离平庸的人群，跻身精英的行列！

低一时可以，但不能低一世

成功与目前的境况无关。过去决定现在，而不能决定未来，只有现在的作为及选择才能决定我们的未来。起点的高低因人而异，但起点低绝对不是没志气。起点低，没关系，只要认准目标，踏踏实实地干，你就能成功。

在我们还没有成功以前，常常会遭遇歧视、侮辱和不公平的对待，使我们既伤心又愤怒。但是，伤心也好，愤怒也罢，都不能解决任何问题。唯一正确的做法是自强自立。俗话说“生气不如争气”，这是一个简单朴素的道理。其实，无论遇到什么问题和困难，伤心、愤怒、焦躁、恐惧等都有害无益，唯一正确和有效的做法是冷静、理性地思考如何解决问题。

抱怨的结果只能使人精神更颓废，如果一个人把眼光拘泥于挫折的痛感之上，他就只能使自己更加痛苦，因此，在遭遇困难的时候，不可专注于灾难的深重，而应当努力去寻找希望，努力去寻求可以改变现实的积极之路。大哲学家尼采曾说过：“受苦的人，没有悲观的权利。”因为受苦的人，必须突破困境，才能不再受苦，而悲伤和哭泣只能加重伤痛，所以不但不能悲观，反而要比别人更积极。

无论你出身贵贱，学问高低，相貌美丑，只要你心中藏着一股气，一股不会泄的志气，你就能飞上天，成为一颗耀眼的明星。

美国汽车大王亨利·福特年轻时，曾在一家修车厂做修车工人。有一次，他刚领了薪水，兴致勃勃地到一家他一直十分向往的高级餐厅吃饭。可亨利·福特在餐厅里呆坐了差不多15分钟，居然没有一个服务生过来招呼他。最后，餐厅中的一个服务生勉强走到桌边，问他是不是要点菜。

亨利·福特连忙点头说是，只见服务生不耐烦地将菜单粗鲁地丢到他的桌上。亨利·福特刚打开菜单，看了几行，服务生用轻蔑的语气说道："菜单不用看得太详细，你只适合看右边的部分(意指价格)，左边的部分(意指菜色)，你就不必费神去看了！"

亨利·福特非常生气，恼怒之余，不由自主地便想点最贵的大餐。但转念之间，又想起口袋中那可怜微薄的薪水，不得已，咬了咬牙，只点了一份汉堡。

服务生离开之后，亨利·福特并没有因为花钱受气而继续恼恨不休。他反倒冷静下来，仔细思考，为什么总是点自己吃得起的食物，而不能点自己真正想吃的大餐。从那之后，亨利·福特给自己立下志向，不管怎样，以后一定要成为社会中顶尖的人物。后来，亨利·福特一直朝着自己的梦想前进，最终由一个平凡的修车工人，逐步成为美国叱咤风云的汽车大王。

贫穷不是错误，我们所有人原本都可能是贫穷的，差距是在后来的岁月里逐渐形成的。别抱怨自己卑微的起点，那不是你一生平庸的理由，也不是你不出类拔萃的根据；卑微的理由可以有千万个，而杰出的原因则只需要那么一丁点儿。生命开始的地方可以千姿百态，成功和财富开始的地方需要的只是用心耕耘。

成功或失败都不是一夜之间造成的，平凡的积累就是不平凡，一切伟大的行动和思想，都有一个微不足道的开始。科学家罗素曾说过这样一句话：从科学意义上来说，人类社会没有天才，成功者也非天才，成功者之所以成功，主要是自信、主动决定了他走向成功。

只要肯用心，任何卑微的人都能从最平凡的工作中做出最不平凡的成绩，就可以成长为富有的人、成功的人、你羡慕和希望成为的人！面对屈辱，我们要努力把它变成好事。屈辱是一种精神上的压迫，它像一根鞭子，鞭策你鼓足勇气，奋然前行。要懂得痛定思痛，苦中吃苦。有一位智者说："无论怎样学习，都不如他在受到屈辱时学得迅速、深刻、持久。"的确，屈辱能使人学会冷静，学会思考。

在世界巨富洛克菲勒上中学时的一天下午，有一位摄影师来拍一些学生上课时的情景照。洛克菲勒那双兴奋的眼睛注视着那位弯腰取景的摄影师，希望他早点把自己收进相机里。但令洛克菲勒失望的是，那个摄影师却用手指着洛克菲勒对老师说："你能让那个学生离开他的座住吗？他的穿戴实在是太寒酸了。"当时只是个弱小学生的洛克菲勒无力与老师抗争，只得默默地站起身来。那一瞬间，洛克菲勒感到自己的脸在发热，但他并没有动怒，也没有自哀自怜，更没有暗怨自己的父母没有让自己穿得体面些，因为他知道，父母为他能受到良好的教育已经竭尽全力。看着在那位摄影师调动下的拍摄场面，洛克菲勒攥紧了拳头，在心里郑重发誓：总有一天，我会成为世界上最富有的人！让摄影师给你照相算得了什么，让世界上最著名的画家给你画像才是你的骄傲！

后来，洛克菲勒在给儿子约翰的信中回忆了这段刻骨铭心的经历："约翰，我的儿子，我那时的誓言已经变成了现实。在我眼里，'侮辱'一词的意思已经转换，它不再是剥掉我尊严的利刃，而是一股强大的动力，排山倒海一般，催我奋进，催我去追求一切美好的东西。如果说是那个摄影师把一个穷孩子激励成了世界上最富有的人，似乎并不过分。"

伟大人物无一不是由苦难而造就的，一个人如果好逸恶劳，就无法战胜困难，也绝不会有什么前途。生前没有经历困难的人，他的生命是不完整的。贫穷好像运动器械，可以锻炼人，使人体格强健，所以，贫穷是我们成就事业最有利的基础。安德鲁·卡内基说："一个年轻人最大的财富莫过于出生于贫穷之家。"贫穷本是困厄人生的东西，但经过奋斗而脱离贫穷，便是无上的快乐。

无论你的自身条件多么不好，你的身世多么不幸，只要你有积极的心态，你就能成为一个有价值的人，你就能交上好运而获得成功！成功来源于强烈的企盼，孕育于痛苦的挣扎，是追寻自我，敢于冒险，最终超越自我的一种必然。只要付诸奋斗，成功就会向你招手。

起点低，没关系，但起点低绝对不是没志气。不论何时，都要高悬理想的明灯，树立坚强的精神支柱。当你受到屈辱时，把它吃到嘴里，狠狠地嚼碎，然后吞到肚子里消化掉，化成一股热量，向前奔跑！

意识到自己的不足，是成长的开始

要想取得成功，必须有敢于承认不足的勇气，意识到自己的不足，是一种期待成长的勇气，意识到自己的不足，敢于面对自己的缺点并虚心学习，取长补短，就能不断地提升自身的实力，让自己立于不败之地。

人们对于新事物总有一个从无知到有知、由浅入深逐步认识的过程。人们对世界的认识和所要掌握的知识、技能是无限的，而一个人无论多么聪明，多么有才华，他的知识和本领也是非常有限的。所以，应该谦虚一些，多向别人学习。

真正谦虚谨慎的人，必定会做到虚怀若谷。俗话说：一瓶子不满半瓶子晃。这句话形象地说明了骄傲自满的人，往往是那些肚子里没有多少“货”的人。更可悲的是，这些人往往没有自知之明，总以为别人不如自己，常以“老子天下第一”自居。其实，恰恰因为这些人的无知，才使他们变得狂妄而可笑。这样的人是不能取得成功的。

闻一多说：“我们不怕承认自身的‘弱’，越知道自身弱在哪里，越好在各人自己的岗位上来尽力加强它。”虚怀若谷的人，不会被头上各色各样的光环所蒙蔽。他清楚自己的长处与弱点，失败与成就。他能虚心接受不同的意见，更能以宽广的胸怀接受他人的批评，甚至为批评自己的人鼓掌。

著名科学家玻尔就是这样一个极其尊重他人但又非常坚持真理的人。当他想提出不同意见时，他常常预先声明："这不是为了批评，而是为了学习。"这句话后来成为一句名言被人印在一期物理杂志的封面上，作为献给玻尔的生日礼物。一次，有人发表学术演讲，效果非常糟糕，但玻尔仍然热情地对演讲者说："我们同意你的观点的程度，也许比你所想象得还要大！"玻尔同爱因斯坦展开过一场为期近三十年的学术大争论，两人的观点完全对立。但爱因斯坦认为，在反对他的观点的阵营中，玻尔是最接近于公正地处理他所代表的学术观点的人。玻尔的这种态度及他在为人方面的其他杰出表现，不但有助于他取得巨大的学术与教育成就，而且使他深受人们爱戴，使他的为人往往比他的科学教育成就更为人们所仰慕和歌颂。

谦逊这种品质对我们来说，意味着我们要养成善于正确看待自己优缺点的习惯。中国有句古话，学海无涯苦作舟，告诉我们面对知识的海洋，个人的见识是多么渺小。无论别人怎样夸奖你，你都要明白，你还远不是个尽善尽美的人。骄傲是人类的夙敌，如果不战胜它，就会毁了我们自己。

在上海举办的 APEC 会上，比尔·盖茨说："在知识经济时代，知识是你成功发展的基本条件，无知就等于无能！"同样，在古希腊的德尔斐神庙里，刻着一句传诵千古的话：认识你自己！大哲学家苏格拉底对它给出了一个最好的诠释："我唯一知道的一件事情，就是我自己什么也不知道！"正是苏格拉底这种谦虚心态，成就了他深厚的哲学思想，泽被至今！

永远追求进步可以为成功提供持久的动力，创造性的思考和批判性的思考结合起来，就能创造色彩斑斓和充满活力的生活。阿里巴巴的创立者马云曾说自己是一个“三天没有新的想法就难受”的人，他虽然不懂互联网技术，却成为电子商务的领军人物。相反，自满的人不会拥有继续前进的动力，优秀和卓越也会离他而去。因此，哪怕我们已经有所成就，也有必要始终保持一种危机感，不断追求进步，不断有新的作为。

伟大的科学家牛顿费尽心血，算出“万有引力定律”，却没有急于发表，而是继续孜孜不倦地深思了数年，又研究了数年，埋头于数字计算之中，从未对任何人讲过一句。后来，牛顿的朋友，大天文学家哈雷（彗星的发现者），在证明一个关于行星轨道的规律遇到困难时，专程登门请教牛顿。牛顿把自己关于计算“万有引力”的书稿拿给哈雷看。哈雷看后才知道他所要请教的问题，正是牛顿早已解决、早已算好的问题，心里钦佩不已。

在1684年11月的一天，哈雷又到牛顿的寓所拜访。当谈到有关天文学的学术问题时，牛顿拿出论证“万有引力”的论文，请哈雷提意见。哈雷看后，对这部巨著感到非常惊讶。他欣喜地对牛顿说：“这真是伟大的论证，伟大的著作！”他再三奉劝牛顿尽快发表这部伟大著作，以造福于人类。可是牛顿没有听从朋友的好意劝告去轻易地发表自己的著作，而是经过长时间的一丝不苟的反复验证和计算，确认准确无误后，才于1687年7月将《自然哲学的数学原理》发表于世。

如果你过分注重或满足于一次小小成功所带来的惊喜与荣誉,那只能束缚再次超越自己能力的发挥。你应该不时地发觉自身的不足,向自己来一次全新的挑战;然后通过不懈的努力,来弥补那些缺陷,使自己生命的轨迹不断向前。

越是有成就的人,态度越谦虚,相反,只有那些浅薄的自以为有所成就的人才会骄傲。美国石油大王洛克菲勒曾说:"当我从事的石油事业蒸蒸日上时,我晚上睡前总会拍拍自己的额角说:'如今你的成就还是微乎其微!以后路途仍多险阻,若稍一失足,就会前功尽弃,勿让自满的意念侵吞你的脑袋,当心!当心!'"这就是告诫人们要谦虚,尤其是稍有成就时应格外小心,不要骄傲。

要想取得成功,不但要有不断地学习新知识的渴望,还必须有敢于承认不足的勇气,之后正确地评估自己的目标和能力,然后模仿、运用、调适。敢于不如人,是一种期待成长的勇气,也是某种程度上的自信。只有敢于不如人,才能最后胜于人。

一个人聪明、有才华是好事,但如果不能正确对待,可能会被聪明所累、所误。相反,一个才能平平的人,如果能够做到谦虚谨慎,虚怀若谷,并且努力学习,也能成为一个受成功青睐的人。

只接受最好的，就会得到最好的

只接受最好的，意味着不断地超越自我，不断地再造辉煌。不是最好就要努力成为最好，而是即使你是最好，也永远可以做得更好。只接受最好的，激励每个人奋力前行、追求卓越。它如同成功路上的一盏明灯，指引人永不满足地向着光辉的顶点前行。

只接受最好的，这不仅仅是一句口号，更是成功者脱颖而出的诀窍。常言道，思想是行动的指南，思想有多远，路就能走多远。成功者最初也是从一个小小的“最好”信念开始的，信念是所有奇迹的萌发点。没有“最好”的思想，又怎能得到“最好”呢？要知道，一个人一旦满足于自己目前获得的成就，便失去了继续前进的动力，不再追求更高的目标。而在这个竞争日趋激烈的社会，一旦你停止前进，便会被别人所赶超。不前进便意味着后退，就可能被无情地淘汰。

成功者永远有超出众人之外的、敢于只要最好的心态。在成功之前，懂得必须以高于普通人的眼光来看待自己，否则自己永远是一个弱者。在他们身上所体现出来的这种“只要最好”的精神，是一个人不断进取的标志，它不允许人懈怠，它召唤每个人向更高层次的方向去努力、去进取。它告诉人们，如果你认为自己只具有鞋匠的天赋，你也应该争取做世界上首屈一指的制鞋大王。不想做得更好，就会做得更差。

英国新闻界的风云人物，伦敦《泰晤士报》的老板来斯乐辅爵士，在刚进入该报时，就不满足于九十英镑周薪的待遇。经过不懈努力，当《每日邮报》已为他所拥有的时候，他又把取得《泰晤士报》作为自己的努力方向，最后他终于猎狩到他的目标。

来斯乐辅爵士一直看不起生平无大志的人，他曾对一个工作刚满三个月的助理编辑说："你满意你现在的职位吗？你满足你现在每周五十英镑的薪金吗？"当那位职员回答已觉得满意的时候，他马上把他开除，并很失望地说："你应了解，我不希望我的手下对每周五十英镑的薪金就感到满足，并为此放弃自己的追求。"

失败的人有失败的心态，成功的人有成功的心态，心态影响思想，思想影响行为，这是一连串的因果效应。求最好，自然也要有强烈的渴求心态，要最好就要先想最好，连想最好的心态都没有是不可能成为优秀的人的。

大多数人之所以没有大的成就，就是因为他们太容易满足而不思进取，他们一生只会盲目地工作，挣取足够温饱的薪金。他们心里常这样想："我现在的生活充满喜悦和满足，以后要怎么做才能维持目前的这种状态呢？"这些人对现状心满意足，一心一意想要继续维持下去。然而，"要维持现状"这种观念是采取"守"的态度，终究只是一种消极的态度，没有积极向前的动力，成长便会停滞。

但是大多数之外的成功者，就绝不是这样，他们会尽力寻求对自己现状不满足的地方，以发现自己的缺点，并加以改进。不满足，是进步的先决条件，不满足才能锐意进取，时时要求更好，时时努力超越自己。

希望和欲念是卓越者成功不竭的原因所在。无论在什么境况中，他们都有继续向前的信心和勇气，生命的生动在于他们永远不放弃。谁能接受挑战，谁就能取得胜利。而这些胜利在那些没有希望和欲念的人看来，是不可能取得的。敢于接受挑战的勇气和“只要最好”的精神，可以帮助人们征服整个世界。

20世纪30年代，在英国一个不出名的小镇里，有一个叫玛格丽特的小姑娘，自小就受到严格的家庭教育。父亲从小就给她灌输这样的理念：无论做什么事情都要力争一流，只要最好的。即使坐公共汽车，你也要永远坐在前排。玛格丽特在她父亲的“无情”教育下，从来不敢说“我不能”“太难了”之类的话，这样的要求对于一个小姑娘来讲可能太高了，太难做到了，但后来的人生经历证明父亲是正确的。正因为从小就受到父亲的“残酷”教育，才培养了玛格丽特积极向上的决心和信心。在以后的学习、生活的工作中，她时时牢记父亲的教导，总是抱着一往无前的精神和必胜的信念，尽自己最大努力做好每一件事情，事事必争一流，以自己的行动实践“只要最好”的目标。

玛格丽特在上大学时，学校要求学五年的拉丁文课程，她凭着自己顽强的毅力和拼搏精神，在一年内就全部学完了。令人难以置信的是，她的考试成绩竟然名列前茅。其实，玛格丽特不仅在学业上出类拔萃，她在体育、音乐以及学校的其他活动方面也一直走在前列，是学生中凤毛麟角的佼佼者。当年她所在学校的校长评价她说："她无疑是我们建校以来最优秀的学生，她总是雄心勃勃，每件事情都做得很出色。"

正因为如此，几十年以后，玛格丽特成为世界政坛上一颗耀眼的明星，她就是保守党领袖，并于1979年成为英国第一位女首相、雄踞政坛长达11年之久、被世界政坛誉为"铁娘子"的玛格丽特·撒切尔夫人。

在这个世界上，想要最好的人不少，真正能够做到最好人的却不多。大多数人之所以不能得到最好的，是因为他们把最好的仅仅当成一种人生理想，而没有采取具体行动。那些最终得到最好的人之所以成功，是因为他们不但有理想，更重要的是他们把理想变成了行动。

只接受最好的，是一种积极的人生态度，激发你一往无前的勇气和争创一流的精神。只接受最好的，更是一种追求、一种信念、一种无畏、一种越过冷漠荒原后，看到生命绿洲的快乐。因为挑战，任何一条路都有可能；因为挑战，你的潜能会被无限激发，你会惊喜地发现自己是如此优秀。

要知道，山外有山，天外有天。在21世纪，竞争没有疆界，你应该开放思维，站在一个更高的起点，给自己设定一个更具挑战的标准，才会有准确的努力方向和广阔的前景。"只接受最好的"如同成功道路上的一盏明灯，让人们永远向着光明的前方奋进。

敢于自我推销，是脱颖而出的捷径

一个优秀的人，如果只是深藏不露，即使他有绝世的才华，也会渐渐被埋没。在关键时刻恰当地张扬一下，不失为一个引起别人注意的好方法。相信自己的能力，相信自己的才华，而且勇敢地在别人面前表达出来，你就会接近成功。

机遇，是人生的转折点，是事业的起跑线，但机遇不会平白无故地降临到自己头上，要想获得机遇，就要善于表现自己，把主动权掌握在自己手中。综观世界上能成就大事的人，往往不是那些幸运的宠儿，反而是那些没有机会的苦孩子，如富尔顿、华特耐、霍乌、法拉利、贝尔，但是他们却创造了属于自己的机会，而成就了自己。要是你只在等待机会，等待别人的提拔，等待别人的帮助，你的一生将永远无所作为。

一个人要想有所成就，就不要奢望别人主动地来关注自己，而是要积极主动地把自己的才干展示给他人看。一次不行，就多表现几次，在一个地方表现无效，就在多个地方表现。表现多了，被发现、被赏识的可能性就会增大。把自己的美展示给别人，从而赢得机遇的青睐，仅仅需要一些勇气。

只要你积极进取，捕捉到一个适当的机遇，你就成功了一半。正如培根所说："善于在做一件事的开始时识别时机，实在是一种极难得的智能。"善于抓住机遇，把握机遇，捕捉机遇，便能开创一个辉煌灿烂的前程。

一位刚毕业的女大学生到一家公司应聘财务会计工作，面试时即遭到拒绝，因为她太年轻。女大学生却没有气馁，一再坚持。她对主考官说："请再给我一次机会，让我参加完笔试。"主考官拗不过她，答应了她的请求。结果，她通过了笔试，由人事部经理亲自复试。

人事部经理对这位女大学生颇有好感，因她的笔试成绩最好。女孩的话让经理有些失望，她说自己没工作过，唯一的经验是在学校掌管过学生会财务。他们不愿找一个没有工作经验的人。人事部经理只好敷衍道："今天就到这里，如有消息我会打电话通知你。"

女孩从座位上站起来，向人事部经理点点头，从口袋里掏出一美元双手递给人事部经理："不管是否录取，请都给我打个电话。"人事部经理从未见过这种情况，竟一下子呆住了。不过他很快回过神来，问："你怎么知道我不给没有录用的人打电话？"

"您刚才说有消息就打，那言下之意就是没录取就不打了。"人事部经理对这个年轻女孩产生了浓厚的兴趣，问："如果你没被录用，你想知道些什么呢？"

"在什么地方不能达到你们的要求，我在哪方面不够好，我好改进。"说完，女孩微笑着解释道："给没有被录用的人打电话不是公司的正常开支，所以由我付电话费，请您一定打。"

人事部经理马上微笑着说："请你把一美元收回。我不会打电话了，我现在就正式通知你，你被录用了。"就这样，女孩用一美元敲开了机遇的大门。

其实道理很清楚：一开始便被拒绝，女孩仍要求参加笔试，说明她有坚毅的品格；她能坦言自己没有工作经验，显示了一种诚信；即使不被录取，也希望能得到别人的评价，说明她有直面不足的勇气和敢于承担责任的上进心；自掏电话费，说明了女孩思维的灵活性，她巧妙地展示了自己公私分明的良好品德，这更是财务工作不可或缺的。

俗话说："美玉藏于深山，人不知其美，黄金埋于地下，人不知其贵。"一个优秀的人，如果只是深藏不露，而不能表现自己，人们就不能看到他存在的价值。这样下去，即使他有绝世的才华，也会渐渐被埋没。现在是一个讲究张扬个性的时代，尤其是身处职场的人们，在关键时刻恰当地张扬也就是"秀"一下，不失为一个引起别人注意的好方法。天上不会掉馅饼，机会是要靠创造的。相信自己，相信自己的能力，相信自己的才华，而且勇敢地在别人面前表现出来，你就会接近成功。

许多事物的契机，常在一瞬间就发生意想不到的变化。能不能审时度势，捕捉时机，是胜者和败者区别的关键所在。优秀的人做事，总是勇于进取，迅速行动，善于发现并把握身边的机遇，从而取得很大的成功。

原微软（中国）有限公司总经理吴士宏，在1985年离开了原来毫无生气甚至满足不了温饱的护士岗位，她鼓足勇气，走进了世界最大的信息产业公司IBM公司的北京办事处。面试像一面筛子。两轮笔试和一次口试，她都顺利地滤过了严密的网眼。最后主考官问她会不会打字，她条件反射地说：会！

"那么你一分钟能打多少？"

"您的要求是多少？"

主考官说了一个标准，吴士宏马上承诺说她可以。因为她环视四周，发现考场里没有一台打字机，果然，主考官说下次录取时再加试打字。

实际上，吴士宏从未摸过打字机。面试结束，她飞也似的跑回去，向亲友借了170元买了一台打字机，没日没夜地敲打了一星期，双手疲乏得连吃饭都拿不住筷子，她竟奇迹般地敲出了专业打字员的水平，以后好几个月她才还清了这笔债务，而IBM公司却一直没有考她的打字功夫。吴士宏就这样成了这家世界著名企业的一个最普通的员工。

在人生的旅途中，每个人都会遇到很多成功的机会。在机会面前每个人的态度是不同的。有的人把握住机会，努力发展；有的人和机会擦肩而过，视而不见；有的人寻求机会，捕捉超越的空间；有的人不思进取，坐等机会的到来。我们应以积极的态度，捕捉机会，把握机遇，为自己寻找一片翱翔的艳阳天。

很多人在苦苦等待机会降临到自己的身上。殊不知，一味地等待机会的降临是一种多么无知而可笑的想法。就像成功学大师卡内基所说："没有机会，这是失败者的推诿，许多奋斗者的成功，都是他们用自己的能力去创造机会的。"

任何人的成功都是来自于自觉自愿地去寻找机会、发挥创造力。那些甘于沉沦和平庸的人最终会沉沦和平庸下去，而那些主动执行、善于创造机会的人，则从最平淡无奇的生活中找到一丝微弱的机会，他们用实际行动改变了自己的处境。

不但要尽力而为，更要拼到竭尽全力

不管做什么事，都要竭尽全力。这种精神的有无，可以左右一个人日后事业上的成功或失败。一个人一旦领悟了全力以赴地工作这一秘诀，他就掌握了打开成功之门的钥匙，能处处以全力以赴的态度工作，即使从事最平庸的工作也能增添个人的荣耀。

人的一生中，会遇到许多机会和困难，面对此情此况，你是全力以赴还是尽力而为呢？在今天竞争激烈的社会，你只有全力以赴去做每件事情，才能有一个好结果和好成绩。全力以赴是一种精神，一种积极主动、永远奋力向前的精神；是一种态度，一种不计报酬、不畏艰难、不找任何借口、倾其全力去完成任务的态度；是任何一个成功者所必备的素质。

海明威曾经说过："一个人只要全力以赴地去做一件事，不论结果如何，他都是成功者。相反，一个人如果没有全力以赴，即使得了第一，又能问心无愧吗？"不要过多地在意结果，要注重过程。我们会发现，只要全力以赴，总会有人为你喝彩。

生活中，经常会出现种种山穷水尽的情况，无论是尽力而为还是全力以赴地去解决，都会出现成功与不成功两种结果，但体现的是对人生、对自身潜能截然不同的态度：尽力而为是一句托词，是对自己解决问题态度的一种主观原谅；全力以赴则是对自身潜能的最大挖掘，是对一个问题的执着与负责，是必要时进行自救的法宝。

威廉姆一次带上猎狗去打猎，很快猎狗就发现不远处有了目标——一只大野兔正恐慌地逃跑，猎狗就追了上去。追了好长时间，猎狗还是没有将野兔抓住。野兔心想：如果我不逃，我这一生就从此结束了。而猎狗心想：追不到你也没有关系，最多挨一顿骂，或饿一餐，也不至于丧失性命。如果下次再让我遇到，一定不会放过你。野兔抱着“不成功便成仁”的决心，猎狗抱着“这次不成功，以后还有机会的心理”，最终野兔逃掉了，猎狗筋疲力尽，空手而归。

那些有成就的人，凡事一定先下定了追求成功的决心。征服珠穆朗玛峰的登山者说：“我要全力以赴地做到这件事。”凡事尽力而为是不够的，尤其是现在这个竞争激烈的年代，尤其是趁你还年轻的时候，必须全力以赴才行，如此才有可能得到希望的结果。

生活中，当我们决定要做某件事情时，选择后就不要再后悔，全力以赴将所有的精力都放在这件事情上，成功就会属于我们。世上无难事，只要肯攀登，竭尽全力做好每件事，对自己抱有坚定的信心。即使周围的风光再旖旎，也不要放慢我们前行的脚步。

成功的一切结果都是建立在全力以赴、尽职尽责做好工作的基础上。不要小看一些小事，它往往成为决定成败的关键。所以，无论是什么工作，无论是不是大事，无论是不是你分内的事，你都应该抱着“既然做了就一定要竭尽全力”的态度。无论做什么都怀着必胜的信念全力以赴，它将引领你进入成功的殿堂。

娜拉小时候学芭蕾舞时，父亲对她严格得近似残酷。每当她想停下来休息时，父亲总是问："你竭尽全力了吗？"娜拉便咬着牙继续练，到筋疲力尽无法站立时，才瘫坐在地上休息。日复一日枯燥乏味的练功生活使娜拉觉得学芭蕾舞简直是一种痛苦，她开始厌烦练功，打算放弃芭蕾舞。父亲得知后说："你今天放弃了芭蕾舞，明天还会放弃别的，因为干任何事情都会遇到无法预料的艰难。如果你决定去做什么事，你就要用尽全力去做，否则你只会一事无成。"

娜拉委屈地说："可我每天的生活都是一样的，那就是练功。"父亲说："任何一个学芭蕾舞的人都是这样，别人都能做到，你为什么不能，除非你是弱者。"

娜拉不想成为弱者，她用父亲经常说的"你竭尽全力了吗？"这句话激励自己，练功累了就用海绵擦洗一下四肢，借以恢复体力。最后她的舞步练得灵巧如燕，终于成了一位著名的芭蕾舞演员。

追求成功就要信仰成功，信仰成功才会每时每刻都竭尽全力，而不是偶尔竭尽全力，成功与失败只差这么一点。在做事时，只要你竭尽所能，做得比一般人更好、更精确，你自然能引起上司的重视，而使你不断发展和进步。事实上，各行各业都需要全心全意、尽职尽责的人，所以，不管从事什么工作，平凡的也好，令人羡慕的也好，都应该尽职尽责，以求不断进步。

著名投资专家约翰·坦普尔顿通过大量的观察研究，得出了一个很重

要的原理："多一盎司定律。"盎司是英美重量单位，一盎司只相当于 1/16 磅。但是就是这微不足道的区别，却让你的工作大不一样。他指出：取得突出成就的人与取得中等成就的人几乎做了同样多的工作，他们所付出的努力差别很小——只是"多一盎司"。但其所取得的成就及成就的实质内容方面，却有着天壤之别。

生活中有一条颠扑不破的真理，不管是最伟大的人，还是最普通的老百姓，都要遵循这一准则。它就是，在充分考虑到自己的能力和外部条件的前提下，进行各种尝试，找到最适合自己做的工作，然后集中精力、全力以赴地做下去。

要想获得成功，仅仅尽力而为还不够，还必须全力以赴。成功偏爱那些全力以赴的人。有一句话说得好："如果付出的比回报得多，最终得到的会比付出得多。"要知道，如果没有激情，不懂得全力以赴，那么"神奇时刻"是永远不会垂青和眷顾你的。

不断挑战自我，才能超越别人

> 在竞争中，如果做什么事情只会做"规定动作"，只满足于和别人做得一样好，而不能突破自我、超越别人，就难以在强手如林的竞争中胜出，在激烈的角逐中夺魁。

让自己进步的方法很多，"每天做点困难的事"，就是"逼"自己进步的办法之一。美国学者爱默生曾说："永远做你害怕的事！"毕业于哈佛大学的美国哲学家詹姆斯也说:“你应该每一两天做一些你不想做的事。”这两句话讲的都是同一个永恒不灭的真理，它是人生进步的基础和上升的阶梯。的确，谁不想安安稳稳地走完人生之路，谁愿意累死累活地跟自己过不去呢？可是，如果不这样，我们就不可能进步。

如果你是一位营销人员，但是当众演讲又是你最发憷的事情，那你每天就“逼”自己对着镜子练习讲话；如果你是一位公关人员，但是你恰巧又是一个内向的人，那你每天就“逼”自己主动与业务伙伴联系，或是打电话，或是发 E-mail，或是相约见面；如果你从中学时就讨厌学外语，可是你又想获得硕士学位，那就不得不硬着头皮，每天“逼”自己练习听力、复习语法，再一口气做完一套模拟试题……

成功者在种种复杂而恶劣的环境里，仍然能一如既往地保持不断向前超越的观念。只有如此，才能获得更大的成功。成功，在于不断超越。超越是一种突变，一种解放，一种升华，正是这种超越，人类才能从蒙昧无知的洪荒远古走向文明昌盛的今天。只有勇于超越，不停地调整人生的目标，我们才能从一个高峰跃向另一个高峰，在生命的峰巅，领略壮美的风光。

一位音乐系的学生，其指导教授是个极其有名的音乐大师。授课的第一天，教授给自己的新学生一份乐谱。“试试看吧！”他说。乐谱的难度颇高，学生弹得生涩僵滞、错误百出。“还不成熟，回去好好练习！”在下课时，教授如此叮嘱。

学生练习了一个星期，没想到第二周上课时，教授又给他一份难度更高的乐谱，“试试看吧！”学生再次挣扎于更高难度的技巧挑战。第三周，更难的乐谱又出现了。同样的情形持续着，学生每次在课堂上都被一份新的乐谱所困扰，然后把它带回去练习，接着再回到课堂上，重新面临两倍难度的乐谱，却怎么都赶不上进度，一点也没有因为上周练习而有驾轻就熟的感觉，学生感到越来越不安、沮丧和气馁。教授走进练习室。学生再也忍不住了。他必须向钢琴大师提出这三个月来何以不断折磨自己的质疑。教授没开口，他抽出最早的那份乐谱，交给学生。“弹奏吧！”他以坚定的目光望着学生。

不可思议的事情发生了，连学生自己都惊讶万分，他居然可以将这首曲子弹奏得如此美妙、如此精湛！教授又让他弹奏了第二堂课的乐谱，学生依然呈现出超高水准的表现……演奏结束后，学生怔怔地望着老师，说不出话来。

“如果，我任由你表现最擅长的部分，可能你还在练习最早的那份乐谱，就不会有现在这样的水平……”钢琴大师缓缓地说。

人的一生，最大的敌人不是别人，而是我们自己。只有超越自我，才能懂得怎样去衡量别人的价值；只有超越自我，才明白如何接纳自己以外的一切；只有超越自我，才能使自己的人生更加丰富多彩；只有超越自我，才能展望到生命的全貌，绘画出人生没有断点的轨道。

有一个心理学家曾经说过：“你一定比你想象的还要好。”但是许多人并不这样认为。杰出人士往往在小小年纪就怀有大志，就想与众不同，无论遇到任何磨难，仍相信自己是最好的。你是不是有这样的信念，有别人打不倒的自信心呢？你的坚持有多强，你的自信就有多强，你的路就有多长。

每一个人都应该永远记住这样一个道理，只有不断超越自我的人，才是一个真正聪明的人。人生在世，你只要按照自己的禀赋发展自己，不断地抛开心灵的束缚，你就不会忽略自己生命中的太阳，而湮没在他人的光辉里。不要以为自己很聪明就不努力，你应该把聪明看成一个新起点，而不是终点。一切都会成为过去，迎接你的将是一个个新的挑战。

世界著名的大提琴手巴布罗·卡沙斯在取得举世公认的艺术家头衔后，并没有因此而不再练习，不再努力，他还和以前一样，依然每天坚持练琴6小时，养成了“行动再行动”的良好习惯。有人问他为什么仍然坚持练琴，他的回答很简单：“我觉得我仍在进步。”

人生是一条奔腾不息的河流，永远不会停留在一个地方，也不会停留在某一阶段，它需要不断地超越。超越是升华，是突变，是人生不可缺少的阶段。没有这种超越，一个人就不可能成长为一个真正的人；没有这种超越，人类就不可能从愚昧无知的远古走到文明昌盛的今天。人活在世上，不能总为自己的那点“小成绩”而沾沾自喜，贪图安逸享受，放弃努力奋斗的过程。满足现状的人，永远也享受不到人生的真正乐趣。

只有不断超越，才能领先竞争对手，才能在竞争中赢得更大的胜利。竞争是人才的竞争，更是技术创新的较量。能不能在以后的日子里，继续保持领先的地位，需要我们一如既往地努力工作，更需要我们不断地去超越，从而保持自己永远不败的地位。

只有努力创造，全力拼搏，不断超越，才能在激烈的竞争中赢得自己的位置，使生命碰撞出耀眼的火花。

高标准要求自己，力求做到极致

不知足的精神，是无形的动力，不知足会激发一个人的斗志，让人不断奋斗。人类正是在进取中不断地超越自我，创造卓越。“生命不息，奋斗不止”，不应只是成功者的做事原则，也应该成为众多普通人的共识。

对于人类来讲，知足常乐虽然有一定的道理，但却很容易囿于保守，缺乏进取精神。如今，社会的一切进步都来自于人类的不知足。如果人们都满足于现状，油灯就不会被电灯代替，折扇也不会被电扇代替，更不会出现汽车，生活得不到改善，社会将停滞不前，快乐从何而来？可见，正是有了不知足的精神，才促进了科技的进步，促进了社会财富的日益积累，促进了人类文明的不断飞跃。

如果你是一个渴望得到重用的人，如果你希望让你的老板觉得你是不可取代的，一定要从内心决定做第一。这样你才有信心做到完美，你的个性也才会真正成熟起来。那些自甘沉沦、不追求卓越、懒得提高自己能力的人是不会有所进步的。而如果你的工作水平没有提高和进步，你就绝不会得到任何升职和奖励的机会。

对于人生的奋斗目标，则更需要不知足的精神。高尔基曾说过：“一个人追求的目标越高，他的能力发展得越快，对社会就越有益。”不知足的精神，是无形的动力，人不知足才能有追求，有追求才能上进，不知足会激发一个人的斗志，让人不断奋斗。太容易满足只会让人甘于现状而不懂发奋。所以说，不知足才更符合一个社会的发展，要进步就一定要学会不知足。

兰迪·劳伦斯现在是一家公司的老板，但他以前只是一名推销员。他奋起的源泉是他在一本书上看到的一句话：每个人都拥有超出自己想象的十倍以上的力量。在这句话的激励之下，他反省自己的工作方式和态度，发现自己错过了许多可以和顾客成交的机会。于是，他制订了严格的行动计划，并付诸实践到每一天的工作当中。两个月后，他回过头看看自己的进展，发现业绩已经增加了两倍。数年以后，他已经拥有了自己的公司，在更大的舞台上检验着这句话。

尚可的工作表现人人都可以做到，只有不满足于平庸，才能追求最好，才能成为不可或缺的人物。没有人可以做到完美无缺，但是，当你不断地增强自己的力量、不断提升自己的时候，你对自己要求的标准会越来越高，这本身就是一种收获。齐白石到93岁时才画了600幅画，歌德到80岁的时候才写出世界名著，的确，进取是没有止境的，我们永远不要满足于已经得到的，而需要不断地开拓新的领域。

英雄不会是平庸之辈，平庸之辈也当不了英雄。英雄主义的特征就在于锲而不舍。人人都会心血来潮，慷慨一阵子。然而当你选好了你的角色，那就承担它的后果，不要打算当个软骨头与世无争。

在这个世界上，有太多的人自以为地位太卑微，别人所有的种种成就，都是不属于他的，都是他不配享有的。这种自卑自贱的观念，往往成为不求上进、自甘堕落的主要原因。有了这种卑贱的心理后，当然就不会有精益求精的想法了。许多青年人，本来可以做大事、立大业，但实际上却整天做着小事，过着平庸的生活，原因就在于他们自暴自弃，没有远大的理想，不具有坚定的进取心，不愿意追求卓越。

造物主赋予我们每个人一种突出的才能，也许你有管理的才能、绘画的天赋、思考的资质等。无论你的特长是什么，你都应该积极地把你的才能发掘出来并发挥得淋漓尽致。为自己设定一个比他人更高的标准，之后不推脱、不敷衍，尽全力地去做。这样的人是一个异常优秀的人，他们不仅仅会做别人要求他们做的，而且会出人意料地做得非常完美。

一个雕刻家，自从爱上雕刻工作后，从来没有好好睡过一次觉。每当有作品需要创作的时候，他的一日三餐仅是几片面包。他本来并不是一个孤僻的人，但随着从事雕刻工作的时间变长，他越来越无法跟人沟通。他最大的痛苦是无法容忍自己的作品出现微瑕。一旦他在一件雕像中发现有错，就会放弃整个作品，转而另雕一块石头。所以，他留给这个世界的作品很少。

他的名字叫米开朗琪罗，一位天才的雕刻艺术家。

任何值得做的事，都值得做好；任何值得做好的事，都值得做得尽善尽美。每个人的一生中至少应该有一次受到一个追求完美的人的影响。只有这样，普通人才能认识到自己惊人的潜力。一个人因为只热爱最完美的东西，所以才是“一般好”的仇敌。懂得这一点，你就可能憎恨一知半解、一技半能、三心二意，就可能在你心中点燃起追求完美的热情火焰。

做什么事情如果达到痴迷忘我的程度，那离成功也就不远了。曾经有人说马克思在求学的时候，在图书馆的书桌下的地面上印有两只深深的脚印。追求卓越像是一块坚强厚重的磨石，它会砥砺你，把你的工作带到最完美的境界。也许十全十美永远难以企及，但是，只要你不停地追求，你就不会原地踏步。一开始也许你只是一个实习生，后来做秘书，然后是主管，而这一切都是建立在不断追求的基础之上的。如果你真正拥有这种品质，你还可以自己当老板。为什么你只能做别人正在做的事情？为什么你不可以超越平庸呢？

从平庸到优秀只有一步之遥，但有的人终其一生也无法跨越。只有你选择了如何优秀，你才能做到如何卓越。有了尽最大的努力把事情做好的志向，不断对自己提出严格的高标准，你就会赢得别人的尊敬，做出令人吃惊的成绩。

第四章 标新立异，成功者往往在大多数人之外

真正成功的人生，不在于成就的大小，而在于你是否努力地去实现自我。唯有时刻坚信自己，才能战胜灵魂深处所有的弱点。强者是因为他敢于接受任何挑战，自强不息，正是这种自我拯救让他最终实现了自己的价值。我们应该成为主宰自己命运的人，走自己的路，走出自己的风格，走出自己的个性，这样的人生才是最精彩的。

生命的高度来源于我们自身的定义

很多人不敢去追求成功，不是追求不到成功，而是因为在他们的心里已经默认了一个高度。他们常常会暗示自己：成功是不可能的，是没有办法做到的。一个较低的心理高度是限制人们无法取得伟大成就的根本原因之一。

一个人在经历了挫折和失败后，面对问题时会产生无能为力的心理状态和行为。

当我们说“理想已经被现实磨平了”的时候，当我们说“现实带给我的是一次次打击，我终于放弃”的时候，我们的表现就是“习得性无助”。而当一个人产生无助感以后，操作活动和智力活动都会减弱，并且整个生活都被蒙上一层灰暗的阴影。

许多人就是生活在这样的框框中，许多人都在过着这样的生活。年轻的时候，意气风发，屡屡尝试，但屡屡失败。

几次失败以后，他们不是抱怨这个世界的不公平，就是怀疑自己的能力，他们不是不惜一切代价去追求成功，而是一再地降低成功的标准，即使原有的限制已取消，但他们早已被撞怕了，不敢再跳，或者已习惯了，不想再跳了。人们往往因为害怕追求成功，而甘愿忍受失败者的生活。

曾经有这样一个著名的实验：科学家将一只跳蚤放进一个玻璃杯里，跳蚤立即轻易地跳了出来。又重复几遍，结果还是一样。接下来科学家再次把这只跳蚤放进杯子里，不过这次放入后立即在杯子上加一个玻璃盖。

“嘣”的一声，跳蚤跳起来后重重地撞在玻璃盖上，但它不会停下来，因为跳蚤的生活方式就是“跳”。一次次跳起，一次次被撞，跳蚤开始变得聪明起来了，它开始根据盖子的高度来调整自己所跳的高度。后来，这只跳蚤再也没有撞到这个盖子，而是在盖子下面自由地跳动。

一天后，科学家把这个盖子轻轻拿掉，跳蚤不知道盖子已经拿掉了，它还在原来的这个高度继续跳；三天以后，这只跳蚤还在那里跳；一周以后，这只可怜的跳蚤还在玻璃杯里不停地跳着——其实它已经无法跳出这个玻璃杯了。

跳蚤还能跳出这个杯子吗？其实让这只跳蚤再次跳出这个玻璃杯的方法非常简单，只需拿一根小棒子突然重重地敲一下杯子，或者拿一盏酒精灯在杯底加热，当跳蚤热得受不了的时候，它就会“嘣”的一下，跳了出去。人有些时候也是这样。很多人不敢去追求成功，不是追求不到成功，而是因为他们的心里也默认了一个“高度”，这个高度常常暗示自己：成功是不可能的，是没有办法做到的。

“心理高度”是人无法取得伟大成就的根本原因。我们能不能跳过这个高度？能不能成功？能有多大的成功？这一切问题都取决于自我设限和自我暗示！一个人在自己的生活经历和社会遭遇中，如何认识自我，在心里如何描绘自我形象，也就是你认为自己是个什么样的人，成功或是失败的人，勇敢或是懦弱的人，将在很大程度上决定自己的命运。你可能渺小，也可能伟大，这都取决于你对自己的认识和评价，取决于你的心理态度如何，取决于你能否靠自己去奋斗。

但是，在遭受挫折和打击时，并不是所有人都会产生无助感。古今中外，有很多决不轻言放弃的人，他们也决不会被挫折所击倒。失败对他们而言，是学习和吸取教训的机会，是下一次努力的台阶。这样的人克服了内心的恐惧和障碍，从而具备了顽强的意志和高远的智慧。他们不是“屡战屡败”的愚人，而是“屡败屡战”的斗士，他们就是成功者。

数千年来，人们一直认为要在4分钟内跑完1公里的路程是一件绝不可能的事情，不过在1954年5月6日，运动员班尼斯特将它变成了可能。他是怎么做到的呢？每天早上起床后，他便大声对自己说：我一定能在4分钟内跑完1公里！我一定能实现我的理想！我一定能成功！大喊100遍后，在教练的指导下，进行艰苦的体能训练。终于，他用3分56秒多的时间打破了1公里的长跑纪录。有趣的是，在随后的一年里，竟有37人打破了这项世界纪录，在那以后打破这项纪录的人更是数不胜数。

人生所能达到的高度，往往就是人们在心理上为自己界定的高度。因为自我设限，很多人不敢去追求成功，不是追求不到成功，而是因为他们的心里也默认了一个“高度”，这个高度常常暗示自己：成功是不可能的，这是没有办法做到的。

将思想聚集在“怎么可能”的怀疑上，你就会被自己的智力潜能束缚，把可能实现的东西扼杀在摇篮之中！将思想聚集在“怎么才能”的探索上，你的脑力机器就会开动起来，把各种“不可能”变为可能！

只有突破限制，跳出框框，你才能以跳跃式的行动大步向前迈进。自古以来，每一次创造性发明，每一次革命性突破，每一个平凡人的成功，都是勇于突破框框，向原本以为不可能的事挑战的结果。

土耳其谚语说：每个人的心中都隐伏着一头雄狮。中国古语说：人皆可以为尧舜。这些鼓舞人心的话语，是人对自身价值应有的判定。

据资料分析，人的潜能开发几乎是无穷无尽的。著名的心理学家奥托指出：“一个人所发挥的能力，只占他全部能力的4%。”据说像爱因斯坦这样的天才，其潜能的发挥也还不到10%。

我们要努力摒弃自卑的想法、无所作为的想法、甘居下游的想法，充满自信地去发挥自己、推销自己、实现自己。成功者就是那些拥有坚强信念的普通人。成功的程度取决于你的信念的强度。

信心多一分，成功多十分。自信是迈向成功的起点，世界上任何一个伟大的人物无不以坚强的自信为先导。有了自信就有了勇气与热情。信心起作用的过程是这样的：每当你相信“我能做到”时，自然就会想出“如何去做”的方法。

可以败给别人，不能输给自己

别人认为你是哪一种人并不重要，重要的是你是否肯定自己；别人如何打败你，并不是重点，重点是你是否在别人打败你之前，就先输给了自己！唯有时刻坚信自己，才能战胜灵魂深处所有的弱点，始终处于不败之地。

在通向成功的人生征途中，必定会荆棘丛生、困难重重。当你走在这条征途上时，是否会因为遇到困难而畏缩不前？是否会因为遇到挫折而自暴自弃？成功始于自信，这个道理人人皆知，但并非人人都能做到。试问：当艰巨的任务摆在你面前时，你能够充满信心地勇敢上前吗？当经受了多次挫折后，你仍然能对自己最终达到目标的信心毫不动摇吗？当周围的人都瞧不起你，认为你是个"废物""无能之辈"时，你仍然能坚信"天生我材必有用"吗？……

莎士比亚曾说："假使我们自己将自己比作泥土，那就真要成为别人践踏的东西了。"很多时候，我们总是不敢相信自己，总是认为别人比我们要强很多，一件事情要得到别人的肯定才是正确的。我们羡慕着别人的才能、幸运和成就，同时，我们最大化地浪费着自己。

我们生活在竞争如此激烈的社会中，与天斗，与人斗，每个人都想要获取胜利、出人头地。但是，经过多次失败，我们才真正明白，那个最终使我们受伤的强大的敌人，深深地隐藏在我们的心中，这个世界上真正能够打败你的人，唯有你自己。在人的一生中，想得最多的应是战胜别人，超越别人，凡事都要比别人强。其实，人一生中面临的最大困难和敌人就是自己。战胜了自己，你将战胜一切！

古希腊大哲学家苏格拉底在风烛残年之际，知道自己时日不多了，就想考验和点化一下他的那位平时看来很不错的助手。他把助手叫到床前说："我的蜡烛所剩不多了，得找另一根蜡烛接着点下去，你明白我的意思吗？"

"明白，"那位助手赶快说，"您的思想得很好地传承下去……"

"可是，"苏格拉底慢悠悠地说，"我需要一位优秀的传承者，他不但要有相当的智慧，还必须有充分的信心和非凡的勇气……这样的人选直到现在我还未见到，你帮我寻找和发掘一位好吗？"

"好的，好的。"助手很温顺、很尊重地说，"我一定竭尽全力地去寻找，不辜负您的栽培和信任。"

苏格拉底笑了笑，没再说什么。

那位忠诚而勤奋的助手，不辞辛劳地通过各种渠道开始四处寻找了。可他领来一个又一个人，都被苏格拉底一一婉言谢绝了。有一次，当那位助手再次无功而返地回到苏格拉底病床前时，病入膏肓的苏格拉底硬撑着坐起来，抚着那位助手的肩膀说："真是辛苦你了，不过，你找来的那些人，其实还不如你……"

半年之后，苏格拉底眼看就要告别世间，最优秀的人选还是没有眉目。助手非常惭愧，泪流满面地坐在病床边，语气沉重地说："我真对不起您，令您失望了！"

“失望的是我，对不起的却是你自己。”苏格拉底说到这里，很失望地闭上眼睛，停顿了许久，才又不无哀怨地说，“本来，最优秀的人就是你自己，只是因为你不敢相信自己，才把自己给忽略了，不知道如何发掘和重用自己……”话没说完，一代哲人就永远离开了他曾深切关注着的世界。

那位助手非常后悔，甚至后悔、自责了后半生。

虽然这只是一个传说，但其中深刻的寓意却让我们每一个人感慨至今。成功属于自信的强者。自信的树立与巩固，与人生的不断收获是分不开的。自信不是天生的，也不是想达到什么程度就达到什么程度，当人们在具体的职业上，经过不断的学习，增添了新的技能并在实践中加以良好运用，而不断取得新的成效，有所进步、有所发展时，自信心就会不断地提升，长此以往，便形成一种自觉的心理态势，达到“自信人生二百年，会当击水三千里”的境界。

要领悟到向命运的高峰挺进中的每一高度的跃升，都是最终实现人生理想的一种积淀。要善于把这种积淀化为增加自信的新源泉。培根曾说过：“人人都可以成为自己命运的建筑师。”当我们面对前进路上的荆棘，不要畏缩，因为通往云端的路只会亲吻攀登者的足迹；当我们面对人生路上的挫折，不要灰心，因为试飞的雏鹰也许会摔下一百次，但肯定会在第一百零一次试飞时冲入蓝天。

失败是人生的熔炉。它可以把人烤死，也可以把人变得坚强自信。这就要看你面对失败的心态是否乐观。若你不战自败，那你就彻底陷入失败的沼泽中。此时，你输给的不是别人，而是自己。

疯狂英语的创始人李阳，他的英语不是说出来的，而是喊出来的。李阳在读大学时，英语成绩一塌糊涂，尤其是听力和口语。一次，李阳被老师叫起来回答一个简单的问题，李阳知道这个问题的答案，可就是说不出来。于是他对老师说："我可以写在纸上再给你看吗？"同学们都哄堂大笑。老师生气地说："这么简单的句子都说不出来，你还是大学生吗？"接着老师又转过身对同学们说："如果你们不好好学习口语，就会像李阳这样。""就像李阳这样"，这句话深深地伤害了他。从那时起，他就下定决心，非要把口语练好不可！

于是，他开始练习英语。他每天早晨坚持到学校后面的小山上去练习口语，练习的时候，不是说，而是大声地喊出来，更让人不可思议的是，他的嘴里竟然含着石头。李阳认为，口语不好，主要有两个原因：一是胆子小，不敢说；二是发音不准，说出来别人也听不清楚。喊英语，能练胆子；含石子，能练发音。就这样，李阳坚持不懈地练习口语，风雨无阻。遇见熟人，也不怕别人耻笑，即使别人骂他疯子，他也不在乎。

功夫不负有心人，奇迹出现了，三个月后，李阳不仅能流利地回答出英语老师的问题，甚至还为老师纠正部分错误的发音。时至今天，"李阳疯狂英语"成了英语学习产品当中最响亮的品牌之一。

命运往往就是这么奇怪，它在赐予一个人成功之前，大都要设置下一道屏障，来考验一个人的毅力与勇气。因此，那些怯懦者，只能在失望和抱怨之中，走过一生。而只有那些知难而进、勇于跟厄运搏击的人，才能最终品尝到命运之神的精美馈赠。

很多时候，一个人在成功路上的最大障碍恰恰就是自己。因而，你应该努力学会清除前进路上的荆棘。自私自利、贪图安逸、傲慢无礼等都是阻止自己前进的障碍；怯懦、怀疑和恐惧则是自己最大的敌人。所以，你要时时警惕自己身上的弱点，拥有征服自己的勇气，就会征服一切困难。

人生最强大的敌人就是自己，最大的挑战就是挑战自我。自信方能自强。只有自信，才能做到知难而进，才能有临渊不惊、临危不惧的英雄本色。很难相信一个连自己都不敢肯定的人能够得到别人的认可，只有真的相信自己，才能够得到别人的信任，也才能够创造出自己事业上的奇迹。

走自己的路，实现不一样的人生

成功的路有千万条，而且通向完全不同的方向，而这其中只有一条最适合你。所以说，真正成功的人生，不在于成就的大小，而在于你是否努力地去实现自我价值，喊出属于自己的声音，走出属于自己的道路。

现实生活中，人们往往将人分为两种：成功者与失败者。毫无疑问，人人都向往成功，人人都不希望自己成为失败者。那么，如何定义成功呢？失败者又缺少什么呢？失败者就败在总是习惯于把他们的生命消耗在老路上，苦苦地拼搏，久久徘徊于自己是否能实现梦想的困惑迷惘之中。而一个生活的幸运儿就在于他能够发现山那边横亘着一条宽广而平坦的路，那条路似乎就是为他而建的，等待着他驰骋于心中的理想之境。

哲学家苏格拉底曾被人贬为“让青年堕落的腐败者”。美国职业足球教练文斯·伦巴迪当年曾被批评“对足球只懂皮毛，缺乏斗志”。贝多芬学拉小提琴时，技术并不高明，他宁可拉他自己作的曲子，也不肯做技巧上的改善，他的老师说他绝不是块当作曲家的料。如果这些人不是“走自己的路”，而是被别人的评论所左右，怎么能取得举世瞩目的成绩？

你的使命终究还要靠自己来完成，你人生的目标，是独一无二的，专属于你自己的。它神秘而又绚烂，值得你用一生去追求。

在女性时装方面的成功并没有让世界服装设计大师皮尔·卡丹就此停止前进的步伐。酷爱钻研的他又开始思索另一个问题：时装作为人类的装饰物，不应该仅仅为女性所独有。但在当时的法国时装界，有一种沿袭多年的传统看法：真正的服装设计师只能问鼎女装，而设计男装则会被人们指责为离经叛道。但是，强烈的创造欲望没有羁绊皮尔·卡丹的脚步，反而促使他立志于设计出优秀的系列男装。

1959年，皮尔·卡丹在巴黎举办他的时装展示会。展示的服装既有女装，也有男装。他的这一举动在巴黎时装界掀起了一场轩然大波，业界人士纷纷将矛头对准了他，一时之间，皮尔·卡丹成为众矢之的，在名誉和经济上遭受了双重打击。

然而，皮尔·卡丹并没有因为世人的唾弃而退缩，他依旧坚持着自己的初衷，认为如果女装可以问鼎最高层次，那么男装又有何不可呢？在强烈信念的驱使下，他继续着自己设计男装的道路，而且坚持聘请时装模特做表演，并不断扩大规模。果然，没过多少年，皮尔·卡丹便迎来了男装市场的春天，由他设计的系列男装迅速占领了法国男装市场的半壁江山，并且很快风靡全球。

人要从没路的地方走出一条路来，不要泯灭了自己的个性，一味模仿别人，那样只会迷失自我，连自己的命运都把握不了。“走自己的路，让人们去说吧！”我们对但丁的这句名言并不陌生。可是，我们在生活中是否信奉它、实践它呢？

要知道，在这个世界上，生活着60亿各自具有不同特质的人，在他们各自的生活轨迹上，至少存在上亿种成功模式。当我们每一个人特定的优势与劣势、需要与理想是如此与众不同时，怎么可能存在一种放之四海而皆准的成功模式呢？

而且，如同我们每一个人有不同的生活轨迹一样，我们每一个人对成功的定义也是截然不同的。成功的定义并不取决于你渴望的目标，而是取决于你达到目标后的满意程度。也就是说，每一个人都应该有自己的人生目标，有自己的成功之路，在这条成功之路上，都应该有属于自己的成功底牌，打拼出自己不一样的人生。

古时候，在一望无垠的沙漠深处，有一座埋藏着无数宝藏的古城。要想获得宝藏，就要穿越整个沙漠，还必须战胜沿途数不清的陷阱和机关。沙漠里缺水，没有旅店，想穿越无疑是件难事，更别说逾越、战胜那些陷阱和机关了。

许多人都十分向往沙漠古城里价值连城的财宝，却没有十足的勇气去征服沙漠中的陷阱和机关。这些珍宝，就这样在沙漠古城中埋藏了多年。

有一年，一个勇敢的人得知了这个消息后，独自踏上艰辛而漫长的寻宝之路。为了在返程之时不迷失方向，这位寻宝者每走完一段路，都要做一个明显的标记。他在沙漠中不断行走，不断摸索。然而，当他依稀看到古城之时，却不小心掉入了陷阱，眨眼间便被毒蛇咬成白骨。

过了许多年，又有一个勇敢的寻宝人踏入了这片杳无人烟的沙漠，当他看到前人留下的标记时，心想：这条路一定有人走过，沿着别人指引的道路行进，一定没有错。他高兴地沿着前人留下的标记走了一段路，果然没遇到什么危险。可就在他大胆向前迈进时，稍不留神，也掉进了陷阱之中。

又过了几年，又有一个勇敢的寻宝人走进了沙漠，他选择的是和前面两人走的相同的道路。结果，他的命运同样悲惨。

最后，走进沙漠的寻宝人是一位智者，当他看到前人留下的醒目标记后，心想：这些标记不一定就十分可靠。前人指引的道路，不一定就是一条安全、正确的道路。要不，这些寻宝者为什么会一去不复返呢？智者在一望无垠、险象丛生的沙漠中，重新开辟了一条崭新的道路。他每迈一步都十分小心。最终，他克服了重重困难，抵达了埋藏宝藏的古城，获得了无价之宝。

智者临终之时，曾对自己的儿孙说：前人走过的路，并不一定就是一条通向成功的正确道路。前人的路标指引的方向，也不一定就是正确的方向。要想获得人生的宝藏，就需要大胆去探索、去开辟一条属于自己的路。被众人走过的宽敞大路，绝没有无价之宝等待着你们去挖掘。即使有宝藏，也被那些早日踏上这条道路的寻宝人夺走了。

这个故事能给我们这样的启发：世上的路并不是走的人越多就越平坦、顺利，沿着别人的脚印走，不仅走不出新意，有时还可能会跌进陷阱。

其实生活中，很多时候，我们又何尝不是在重复着别人的老路？别人说你这样做不对，便不敢去做；别人都去做的事，一定要亦步亦趋地去追随，这就是我们生活中大多数人的真实写照。

跟在别人的脚印后面，永远走不出自己的道路。试想，如果当你年老时，回首你的人生道路上，每一步脚印都不过是对前人的重复，这样的人生，有什么意义呢？俄国作家契诃夫说得好：“有大狗，也有小狗。小狗不该因为大狗的存在而心慌意乱。所有的狗都应当叫，就让它们各自用自己的声音叫好了。”

人生只属于自己，一味遵循他人的思想，不敢面对真理是懦弱的表现，这样的人生是一种悲哀。我们应该成为主宰自己命运的人，走自己的路，走出自己的风格，走出自己的个性，我们的人生才是独特的，才是精彩的。

自我拯救，我们是自己命运的造就者

强者是因为他敢于接受任何挑战，自强不息，正是这种自我拯救给他带来了源源不断的动力，让他最终实现自己的价值。即使身处逆境，别人只可能帮你一时却帮不了一世。所以，靠人不如靠自己，最能依靠的人只能是你自己。

人生恰似海上行船，时而会遭遇风浪，甚至有触礁的危险。人生变幻莫测，又有多少人能够预测厄运的突袭呢？一位哲人说过这样一句话："自救是摆脱厄运唯一的武器。"是的，当你身遭痛苦与不幸时，你可以诅咒命运的不公，但绝不可以放弃心中的勇气和希望。不要总是依赖别人，把一切希望都寄托在别人身上，而要依靠自己解决问题，最能依靠的人只能是你自己。

很多人之所以不能迈出人生的关键一步，就是因为每当他感到压力的时候，就会一蹶不振，很难把失败的惩罚当成不断前进的新动力。任何要想成功的人，首先要学会经历苦难。经历苦难是一种痛苦，因为苦难常常会使人走投无路，寸步难行，苦难常常会使人失去生活的乐趣，甚至生存的希望。但有过苦难体验的人，都不会忘记在生活泥潭里奋力挣扎的情景。当你战胜苦难之后，这由苦难带来的痛苦往往也会变为千金难买的人生财富。

有句话说得好，"命运掌握在自己手里"。如果一味地将自己的命运交由别人主宰，在逃避所有的责任与打击的同时，我们还将失去作为一个人的自信，还有依靠自己努力获得成功之后的幸福感和成就感。要敞开胸怀接纳社会赋予我们的一切，要用自己的全部努力化悲伤为力量，从过去的苦难中汲取智慧和勇气，然后用这些力量、智慧和勇气去开拓属于自己的生活和事业，掌握自己的命运！

美国总统罗斯福曾是一个有心理缺陷的人，小时候，他在学校课堂上总显露一种惊惧的表情，他呼吸就好像喘大气一样。如果被喊起来背诵，立即会双腿发抖，嘴唇也颤动不已，回答问题，吞吞吐吐，含混不清。然而，缺陷却促使罗斯福更加努力地奋斗。他没有因为同伴对他的嘲笑而丧失勇气。他用坚强的意志，咬紧牙床使嘴唇不颤动而克服他的惧怕。凡是他能克服的缺点他便克服，不能克服的他便加以利用。

由于罗斯福没有在缺陷面前退缩和消沉，而是在顽强之中抗争。不因缺憾而气馁，甚至将它变为资本加以利用，在晚年，已经很少有人知道他曾有严重的缺憾。

德国诗人歌德在他的不朽名著《浮士德》中说："凡是自强不息者，终能得救！"其实，世上真正的救世主不是别人，而是自己。在缺陷面前绝不要退缩和消沉，要凭着良好的心态战胜困难，当我们有想法但不能实现时，要自立自强，这样才能发掘你的潜能，冲破困境，走向胜利。

生命在不同的环境下就会有不同的意义。只要看重自己，自珍自爱，生命就有意义，有价值。大多数人的命运史表明，无论你从事任何职业；无论你是在较高层次的平台上演绎人生，还是在一般层次上努力求索，尽管所遇到的困境、逆境及诸种矛盾的状况不一，但有一点是共同的，即必须依靠自己点燃与命运搏斗的激情之火，依靠自我去抓住可行的机遇，挖掘自身的潜能，开拓创造新的命运之路。

德国伟大诗人歌德在《诗与真理》中写道："人们在所有事情上最终只能求助自己。"这的确是人生至理。人生的主流是百折不挠的执着和追求，执着总是与孤独和寂寞为伴，追求总是与失败和痛苦为伍。

作为举世瞩目的成功者，李嘉诚曾说："其实，每个人都是最优秀的，差别就在于如何认识自己，如何发掘和重用自己。"李嘉诚曾谈道：每个人都可以拥有巨大的雄心及高远的梦想，区别在于有没有能力实现这些梦想。当梦想成真的时候，能否在成功的台阶上更加努力进取？当梦境破灭、无力取胜、无力转败为胜时，是否在自怨自艾的枷锁里，在万念俱灰的沮丧中无法自拔呢？一个再有学识、再成功的人，也要能抵御命运的寒风。虽然我在事业上一直比较顺利，但和大家一样，我也有实现不了的梦想，也有做不到的事，也有说不出的话，也有愤怒、不满、伤心的时候，我亦会流泪。这就是人生。

靠什么顶住命运的寒风、不断拼搏向前？李嘉诚说是靠自己拯救自己。他的诠释是：人生是一个很大、很复杂和常变的课题，我们只有靠自己才能拯救自己。

事实上，所谓靠自己拯救自己，在很大程度上首先要突破的就是自己对自己的不信任。正是无端的自我疑虑，自我打击，将一个又一个前景非常看好的希望和一个又一个具有远大前途的成功者扼杀在摇篮中。实际上，任何一个成功的人都是绝对自信的，而那些碌碌无为的人，只要偶尔遇到一点挫折，他们就会心灰意冷，一蹶不振。失败的人之所以失败，就是因为他们从来都不相信自己。古人曾说："哀莫大于心死，而身死次之。"没有自信的人是很难成功的，就像没有脊梁骨的人要站得挺直那样。

有一则西方谚语说："上帝只拯救能够自救的人。"成功属于愿意成功的人。成功有明确的方向和目的。不愿成功，谁拿你都没办法；自己不自救，上帝也帮不了你。

谁若不能主宰自己，谁就永远是一个奴隶。凡是天性刚强的人，必定有自强不息的力量。精诚所至，金石为开。自强不息的精神是每个人获得成功的支柱。有了自强不息的精神，就会产生信心，排除千难万险，突破人生的困厄而走向成功。

掌控自己的人生，绝不人云亦云

要想有所作为，就必须完全消除需要得到赞许的心。它是精神上的死胡同，绝不会给你带来任何益处。我们只有摒弃"别人会怎么样说"的顾虑，才能树立自信。太在意别人想法的人，容易失去自己的特色和个性，更没办法发挥自己的潜能。

只要有人的地方就有是非，只要人家有嘴巴，就会有意见和批评，所以想快乐的人，就不要太在意别人的批评。一个没有主见的人，必定会被他人所摆布。跟着他人的脚步走，有时候确实可以起到明哲保身的作用，然而，你的人生也将永远隶属于他人。如果只会跟着他人的指挥棒走，就会失去想象力、创造力和进取心，同时也会失去自我生存的能力。

没有了自我，一切的快乐都是虚伪的假象。即使她人批评你、否定你、攻击你，也不代表你的自我受到否定，唯一能否定你的人，只有你自己。喜欢评头品足的人很多，你随时可能遇到讥笑和嘲讽，不要让它左右你，该干的就干，而且力争干得最好。别人说你不行不等于你就不行。能力可以培养，习惯可以改变，素质可以提高，成就可以创造。记住埃默森的话："信心是成功的首要秘诀。"你的将来肯定会比过去更强。

总之，嘴巴是别人的，人生是自己的，习惯性被别人的嘴巴"虐待"的人，请用大脑想一想："为什么我要当别人的嘴巴的奴隶？为什么要这么在意别人的想法呢？"

从前，有一位画家想画出一幅人人见了都喜欢的画。画完了，他拿到市场上去展出。画旁放了一支笔，并附上说明：每一位观赏者，如果认为此画有欠佳之笔，均可在画中做上记号。晚上，画家取回了画，发现整个画面都涂满了记号——没有一笔一画不被指责。画家十分不快，对这次尝试深感失望。

画家决定换一种方法试试。他又临摹了一张同样的画拿到市场展出。可这一次，他要求每位观赏者将其最为欣赏的妙笔都标上记号。当画家再取回画时，他发现画面又被涂满了记号——一幅曾被指责的画，如今却换上了赞美的标记。

"哦！"画家不无感慨地说道，"我现在发现了一个奥妙，那就是：我们不管干什么，只要使一部分人满意就够了；因为，在有些人看来是丑恶的东西，在另一些人眼里则恰恰是美好的。"

生活就是这样，你不能企求尽善尽美、人人满意。使一部分人满意就足够了，否则，你将无所适从。一旦寻求赞许成为一种需要，要做到实事求是几乎是不可能的。如果你非要受到夸奖不可，并常常做出这种表示，那就没人会与你坦诚相见。同样，你也不能明确地阐述自己在生活中的思想与感觉，你会为迎合他人的观点与喜好而放弃自我价值。

人的许多不必要的烦恼，往往在于没有把握好心灵这杆秤，把重要的事情看得太轻，把不重要的事情又看得太重。如果一个人能善于对生活转化感受，把一些事情的意义、价值、利害在自我心理上做一种积极的转换，换一种角度去调整生活，享受生活，他就能比别人活得轻松快乐一些。当挫折与不幸来临时，他也能更快地从中解脱出来。

我们获得的结果明显地验证了一个事实，即成功人士不依赖于他人的批评或认可去追求自己的事业或奋斗目标。他们不顾社会压力，坚定不移地沿着自己的想法勇往直前；他们倾心于自己的挚爱，而不是投他人之所好；他们不会因一时一地的挫折而畏缩不前，也不会将差错归咎于别人，而是一心不屈不挠地追求事情的结果。做你自己，不要时时企求他人的指引，用你自己的眼睛看人生的风景，它会分外美丽。

一位成功学训练专家在演讲中讲到自己的一个故事：有一天，我去拜会一位很有成就的朋友，闲聊中谈起了命运。我问他：这个世界上到底有没有命运？他说：当然有啦。我再问他：命运到底是怎么回事？既然有命运，奋斗还有什么用？他没有立刻回答我的问题，而是笑着抓起我的左手说："不妨我先来帮你看看手相，帮你算算命。"接下来，他就跟我讲了一通命运线、爱情线、事业线等诸如此类的话。突然他对我说："你先把手伸好，照我的样子来做一个动作。"他的动作就是举起他的左手，慢慢而且越来越紧地抓住拳头。他问："抓紧了没有？"我有一些疑惑，但还是说："抓紧了。"他又问："那些命运线在哪里？"我说："在我的手里啊。"他再次追问："请问命运在哪里？"这时，我被当头棒喝，恍然大悟：命运在自己的手里。这时他很平静，继续说道："不管别人怎么跟你说，不管算命先生如何给你算命，请记住，命运在自己的手里，而不是在别人的嘴里，这就是命运。"……我就在那里静静地坐着，静静地幻想，只觉得心扉如清泉流过。

其实，每个人的命运都如同握在你手中的小鸟，握在我们自己的手心。人的发展方向和生死成败，完全取决于我们的人生态度。你只有积极进取，努力拼搏，才可能获得满意的结果。如果只是一味地等待机会，就如同躺在床上等待小鸟飞到你的手掌心，这样的话，伴随你的也只有一次次的失望，甚至是绝望。

况且，大千世界，芸芸众生，天下何人不被说？每个人都少不了别人对自己的评头论足，这就是人生，是一种无可避免的现象。喊出属于自己的声音，走出属于自己的道路，那就够了，何必非要人理解？只有弱者才把渴求理解看得比什么都重要，在不被理解的情况下痛苦得无法自拔，从表面上看，这是在寻求"理解"，而实质上却是在企求怜悯和同情。这样的人，他们终日沉浸在观察别人对自己的态度上，无精打采、忧心忡忡、碌碌无为，这样的人很难有属于自己的理想、自己的生活和自己的路，因而，他们也很难创造出属于自己的价值。

毫无疑问，我们只有摒弃"别人会怎么样说"的顾虑，才能树立自信，才能把命运掌握在自己手里。所以，要牢牢记住：你的最高仲裁者是你自己！不要因为盲目迎合别人而葬送了自己！

靠自己的双手成就杰出人生

拥有独立自主的个性和自立能力是立足社会、参与竞争的基础。人，要靠自己活着，在人生的不同阶段，要尽力拥有与之相适应的自立精神。如果总是任人摆布自己，让别人推着前行，摆脱不了对别人的依赖，那么你将永远是一个弱者。

人生在世，总要或多或少地依靠来自自身以外的各种帮助，比如，父母的养育、师长的教诲、朋友的关爱、社会的鼓励……可以说，人从呱呱坠地那一刻起，就已开始接受他人给予的种种帮助。然而，许多人却把自己立身于社会的希望完全寄托在父母和朋友的身上。这样的人，显然不可能在生活上自立自强、在事业上有所作为。有句话说：靠吃别人的饭过日子，就会饿一辈子。而现实中的年轻人，他们在家靠父母，工作靠单位，稍有挫折便会一蹶不振。

假如你现在正处于一个十分不利的位置，那么你必须丢掉幻想。这世上锦上添花者多，雪中送炭者少。如果你坚强，别人愿意拉你一把；如果你懦弱，看客多数会袖手旁观。从艰苦卓绝的环境中脱颖而出的人，他们最初的处境并不见得比我们强多少。所以，我们要成就事业，必须丢掉幻想，自强不息，奋力游向胜利的彼岸。

人生的路需要自己走！求人不如求己，总想着依靠他人帮助的人，是无法完成任何伟大的事业的。只有自主的人，才能傲立于世，才能力拔群雄，也才能开拓自己的天地。潜能激励专家魏特利曾说过："没有人会带你去钓鱼，要学会自立自主。"

在魏特利9岁的时候，有一天，一个士兵朋友说："星期天早上五点，我带你到船上钓鱼。"魏特利听了兴奋不已。周六晚上，为了确保不迟到，他甚至穿上了网球鞋上床睡觉。一大早，他就爬出卧室的窗口，备好渔具箱。四点整，他怀着满腔的热情坐在屋门口摸黑等待他的士兵朋友出现。但是朋友失约了。魏特利这时并没有重新回到床上生闷气或是懊恼不已，相反，他认识到这可能就是他一生中学会自立自主的关键时刻。

于是，他跑到附近的售货摊，花光帮人除草所赚的钱，买了一艘心仪已久的橡胶救生艇。中午时，他将橡胶艇充上气，顶在头上，里面放着钓鱼的用具，他看起来活像个原始狩猎人。魏特利摇着桨，滑入水中，假装自己在启动一艘豪华大邮轮。那天，他钓到了一些鱼，又享用了带去的三明治和一些果汁。

魏特利回忆那天的光景时说：那是他一生中最美妙的日子之

一，是生命中的一大高潮。士兵的失约教育了他，凡事要自己去做。

拥有独立自主的个性和自立能力是立足社会、参与竞争的基础。人，要靠自己活着，而且必须靠自己活着，在人生的不同阶段，要尽力达到理应达到的自立水平，拥有与之相适应的自立精神。要勇于驾驭自己的命运，这是成功的要义。如果总是任人摆布自己，让别人推着前行，摆脱不了对别人的依赖，那么你将永远是一个弱者。

或许你总是抱怨上帝没有给你机会，没有为你的成功创造各种条件……但你是否真的想过，逆境是对你的一种磨炼，条件也可以由自己创造，你没有获得成功的原因并非你抱怨的这些，而恰恰是你不愿意面对的——你自身的原因，你的不努力。

成功者很大程度上也归功于他们从不抱怨环境的恶劣，从不咒骂上天的不公，他们在那些人抱怨或是咒骂的时候，已经开始为摆脱困境而奋斗，并且在情况改变之前奋斗不止。没有谁能够左右你，成为第一还是甘于现状，一切都取决于你自己的奋斗。

法国著名的小说家小仲马，年轻时喜欢创作，刚开始写作时的作品统统被编辑退了回来。他父亲大仲马怕儿子受不了打击，便建议说："你如果能在寄稿时告诉编辑你是大仲马的儿子，或许情况就会好多了。"小仲马固执地说："不，我不想坐在你的肩头上摘苹果，那样摘来的苹果没味道。"年轻的小仲马不但拒绝以父亲的盛名做自己事业的敲门砖，而且不露声色地给自己取了十几个其他姓氏的笔名，以免让那些编辑把他与大名鼎鼎的父亲联系起来。

小仲马面对冷酷无情的一张张退稿笺，没有沮丧，他对自己说："我能成功，一定能成功！"他的长篇小说《茶花女》寄出后，终于以其绝妙的构思和精彩的文笔震撼了一位知名的老编辑。这位编辑曾和大仲马有过多年的书信来往，他发现《茶花女》投稿人的地址和大仲马的地址丝毫不差，怀疑是大仲马另取的笔名。但作品的风格却和大仲马的迥然不同。他带着这些疑问去拜访大仲马。

令他大吃一惊的是，《茶花女》这部伟大作品的作者，竟是大仲马的儿子小仲马。"你为何不在你的稿子上署上你的真实姓名呢？"老编辑不解地问小仲马，小仲马说："我只想拥有自己真实的高度。"

别人所给予的永远都不会属于你自己。一个想要成功的人，不应满足于送入笼中的食物，而应努力掌握自己捕猎的技能，找寻开启这个世界的钥匙。没有什么神明能保佑你，能帮助你摆脱现状的唯有自己——你就是自己的主宰！

懂得为自己奋斗的人，决不会满足于目前的成就，也不会因为他人的夸奖而沾沾自喜。他们总是不停地向前迈进，在他们的眼中，下一次的努力永远都可能创造更高的成就。

生命不息，奋斗不止。每个人都可以成为自己的国王，自己的圣人，命运掌握在你自己手中，世界也将在你的奋斗过程中慢慢向你展现。每个向往成功、不甘沉沦者，都应该牢记先哲的这句至理名言："最优秀的就是你自己。"

发现自己的独特，赢得竞争的砝码

能否真正认识自我、肯定自我、塑造自我，将在很大程度上影响或决定着一个人的前程与命运。我们每个人的个性、形象、人格都有各不相同的特色，保持自我的本色及用自我的创造性去赢得一个新天地，是更有意义的东西。

现实粉碎着我们的理想，我们会逐渐发现，自己不是那样完美，也不可能变成理想的自己，总是有着这样或那样的缺点。接纳自己需要勇气，也需要毅力。接纳自己，是一个漫长而痛苦的过程，也是一个人长大、成熟的过程。

直面自己的缺点需要勇气，更需要坦诚，需要包容。认识自己的优点和缺点，明白自己想做的不一定就能做，明白自己能做的不一定全能做好，我们便会自信、自强，生活便多一些快乐，少一些烦恼。相反，斤斤计较自己的缺点，不原谅自己的失误，则会使我们沮丧、自卑。接受真实的自己，客观地对待自己，我们就能善待自己、善待他人。

其实，生命的价值不依赖我们的所作所为，也不仰仗我们结交的人物，而是取决于我们本身，我们是独特的，永远不要忘记这一点。生命没有高低贵贱之分。一只蜜蜂和一只雄鹰相比虽然不起眼，但它可以传播花粉从而使大自然色彩斑斓。任何时候都不要看轻自己。在关键时刻，你敢说"我很重要”吗？试着说出来，也许你的人生会由此揭开新的一页！

在一次讨论会上，一位著名的演说家没讲一句开场白，手里却高举着一张20美元的钞票，面对会议室里的200个人，他问：“谁要这20美元？”一只只手举了起来。他接着说：“我打算把这20美元送给你们中的一位，但在这之前，请准许我做一件事。”他说着将钞票揉成一团，然后问：“谁还要？”仍有人举起手来。

他又说：“那么，假如我这样做又会怎么样呢？”他把钞票扔到地上，又踏上一只脚，并且用脚碾它。然后他拾起钞票，钞票已变得又脏又皱。“现在谁还要？”还是有人举起手来。

“朋友们，你们已经上了一堂很有意义的课。无论我如何对待那张钞票，你们还是想要它，因为它并没贬值，它依旧值20美元。人生路上，我们会无数次被自己的决定或碰到的逆境击倒、欺凌甚至碾得粉身碎骨。我们觉得自己似乎一文不值。但无论发生什么，或将要发生什么，在上帝的眼中，你们永远不会丧失价值。在他看来，肮脏或洁净，衣着齐整或不齐整，你们依然是无价之宝。”

人活着必须面对自己的缺点，容忍自己的缺点，我们必须认识到，没有任何人，包括我们自己，是百分之百优秀的。要求别人完美是不公平的，要求自己完美更是荒唐。所以，千万别这么苛待自己。有时候，我们要试着练习自我放松，要学习喜欢自己。忘记过去的错，爱自己，你认为你是巨人的时候，你才会成为真正的巨人。

真实是保持做人本色的本真体现，做人就应该讲究真实。真实是难得

之美。当我们与自己内心和谐一致的时候，我们觉得自己是真实的。真实就像循环的能量一样帮助我们充满活力。保持做人的本色，就是不要丢掉自己真实的一面，用你真实的一面去体察，你就能够透过肤浅的表象，看到一个人的实质。

一个人最为看重的幸福和成功只能从自己生命的本色里去获得。富翁看重金子，而本分的庄稼人却看重脚下那片拴紧他们灵魂的土地，因为他们深信“泥土里面有黄金”。失去本色的人生是灰色的、无光泽的人生，做人，就应该保持自己的本色。

蜚声世界影坛的意大利著名电影明星索菲亚·罗兰的成名经历十分传奇。她在16岁的时候，怀着成为电影明星的梦想，只身来到了罗马，没想到，她第一次试镜就失败了，所有的摄影师见了她，都连连摇头，说她达不到美人的标准，都抱怨她的鼻子和臀部不完美。

导演卡洛·庞蒂把罗兰叫到办公室，建议她把臀部削减一点儿，把鼻子缩短一点儿。言外之意，导演还是想用她做演员。一般情况下，许多演员都对导演言听计从。何况，导演并没有拒绝她，更何况，罗兰正做着明星梦呢！可是，罗兰年纪虽小，却非常自信，她毫不迟疑地拒绝了导演的要求。她说：“我要保持我的本色，我不愿意做任何改变。”正是由于罗兰的坚持，使导演卡洛·庞蒂重新审视她，并真正认识了索菲亚·罗兰，开始了解她、欣赏她。

罗兰没有对摄影师们和导演的话言听计从，没有为迎合别人而放弃自信，这使她得以充分展示自己与众不同的美。而且，她的独特的外貌和热情、开朗、奔放的气质，得到了人们的喜爱。后来，她主演的《两妇人》获得巨大成功，并因此被评为奥斯卡最佳女演员。

当索菲亚·罗兰获得了成功之后，她在自传中写道："自我开始从影起，我就按照自己的想法行事，我谁也不模仿，也从不去奴隶似的跟着时尚走。我有自己的想法，也有自己的判断，我只要求我就像我自己。"

一个人在自己的生活经历中，在自己所处的社会境遇中，能否真正认识自我、肯定自我，如何塑造自我形象，如何把握自我发展，将在很大程度上影响或决定着一个人的前程与命运。换句话说，你可能渺小而平庸，也可能美好而杰出，这在很大程度上取决于你的自我意识究竟如何，取决于你是否能够拥有真正的自信。

成功掌握在自己的手中，一个人对自我的态度，既可以作为武器，摧毁自己，也能作为利器，开创一片无限快乐与平和的新天地。要知道，你在这个世界上是个唯一这样的人，应该为这一点而庆幸，应该尽量利用大自然所赋予你的一切。你只能唱你自己的歌，你只能画你自己的画，你只能做一个由你的经验、你的环境和你的家庭所造就的你。不论好与坏，你都得自己创造一个自己的花园；不论是好是坏，你都得在生命的交响乐中，演奏你自己的小乐器。

花开才是本质，你是不是一朵莲花，或一朵玫瑰，或什么无名的、普通的花那没有什么关系，你是谁并不是关键，你让自己像花一样，尽情绽放，实现最美的自己才是最重要的。

走不一样的路，要让自己与众不同

世上的路并不是走的人越多，越平坦顺利，沿着别人的脚印走，不仅走不出新意，有时还可能会跌进陷阱。我们应该成为主宰自己命运的人，走自己的路，走出自己的风格，走出自己的个性，我们的人生才是最独特的，才是最精彩的。

一个人，只因为唯恐与别人不一样，便会忘乎所以地和别人挤在一起卷来卷去，结果把别人的方向当成了自己的方向。人们也怕离开了跑道去给自己另辟蹊径会被认为遭受淘汰出局，而只得盲目地继续跟着别人奔跑，以在跑道上的胜利为胜利，以能参加众人的拥挤为安全或成就，却不知这是一种自我迷失，是一种对个人能力的约束与障碍。

把眼光盯住别人不放，以别人的方向为方向，总难超越别人。要想有成就，你得自己开路，而你所开的路是你自己的理想、见解与方式，所以是你所独有的。生活毕竟是活生生、真切切的，回到现实中才发现，抱怨失落并没有解决任何问题，希望、奢望也只能如肥皂泡般不堪一击。所以，不要寄希望于高人能一语道破天机，传你点金之术，真正的高人就是你自己，适合自己的道路需要自己去探索。天下根本就没有一蹴而就的成功，也没有包治百病的灵丹妙药。

有这样一副对联："人贬人褒凭人论，自知自胜谋自强。"别人对你的褒贬其实并不重要，你的才能并不会因此而增加一分或减少一分，你仍然是原来的你。所以，应牢记这句名言：走自己的路，让别人去说吧！

1888年，法国巴黎科学院发起关于“刚体绕固定点旋转”问题有奖征文，征文条件规定：应征论文的作者除提供论文外，还必须附一条格言。一篇附有“说自己知道的话，干自己应干的事，做自己想做的人”的格言的论文，被一致认为科学价值最高。原来论文出自38岁的俄国女数学家苏菲·柯瓦列夫斯卡娅之手。

柯瓦列夫斯卡娅实现了自己的格言“做自己想做的人”。在妇女处于被压迫、被奴役的悲惨地位的19世纪，她成了走进法国巴黎科学院大门的第一位女性，成了数学史上的第一位女教授。

人生只属于自己，一味遵循他人的思想，不敢面对真理是懦弱的表现，这样的人生是一种悲哀，我们应该成为主宰自己命运的人。亨利曾经说过：“我是命运的主人，我主宰我的心灵。”做人应该做自己的主人，应该主宰自己的命运，不能把自己交付给别人。生活中有的人却不能主宰自己，有的人把自己交付给了金钱，成了金钱的奴隶；有的人把自己交付给了权力，成了权力的俘虏；有的人经不住生活中各种挫折与困难的考验，把自己交给了上帝！

做自己的主人，就不能成为金钱的奴隶，不能成为权力的俘虏，要不失自我，在各种诱惑面前保持自己的本色，否则便会丢失自己。过于热衷追求外物者，最终可能会如愿以偿，但却像差役一样把最重要的东西给丢了，那就是自己。

我们有权利决定生活中该做什么，不能由别人来代作决定，更不能让别

人来左右我们的意志，而自己却成了傀儡。其实，只有自己最了解自己，只有自己的决定才是最好的。我们应该做命运的主人，不要屈服于命运，要向命运发起挑战，最终战胜它，成为自己的主人，成为命运的主宰。

小泽征尔是世界三大交响乐指挥家之一。他年轻的时候，在参加一次欧洲的交响乐指挥大赛的决赛中，按照评委给他的乐谱指挥乐队演奏。指挥中，他发现有不和谐的地方，最初他还以为是乐队演奏错了，就停下来重新指挥演奏，但还是不行。“是不是乐谱错了？”小泽征尔问评委们，但是，在场的评委们都口气坚定地说乐谱没有问题，“不和谐”是他的错觉。

小泽征尔稍稍思考了一会儿，突然大吼一声：“不，一定是乐谱错了！”话音刚落，评委们立刻报以热烈的掌声。

原来，这是评委们为参赛者专门设计的一个“圈套”。虽然前几位参赛者也发现有些不对，但遭到权威们的否定后便以为这仅是自己头脑中的一个错觉。而小泽征尔却坚定自己的判断，不盲从权威，最终夺取了这次大赛的冠军。

在社会生活中，不管干什么，都要坚持自己的判断，自己的原则。这里的坚持既包括做事的方法，也包括为人处世的立场、主见。如果一味地迁就、顺从别人，实际上是软弱的表现。过于软弱，就会逐渐失去自信力，而没有自信的人是很难成就一番大业的。

走自己的路，必须学会背对一切袭向自己的冷嘲热讽，摆脱无谓的愤懑或消沉心理的无端困扰，然后披荆斩棘，逢山开路，遇水搭桥，并且趁自己在途中小憩的时候，回顾自己所走过的路，总结一下自己得到了些什么，又失去了些什么，走到了何处，又看见了些什么。

记得某位作家曾经说过："将生命停止在风景美妙的地方，当然有意思。但即便是停止在幽暗之处，停止在人迹罕至的场所，停止在荒凉的原野，也不必遗憾，只要生命能成为一个坐标，能为世人提供一点故事，指点一下迷津，你就不会愧对曾关注过你的那些目光。"

是的，走自己的路在很多时候、很多情况下意味着是在进行最富有意义的生命之旅。在这段旅程中，也许你会陷入"山重水复疑无路"的孤绝境地，但如果你给予自己强大的精神力量，坚定自己的目标并勇敢地走下去，或许就会迎来"柳暗花明又一村"的绝佳境地。

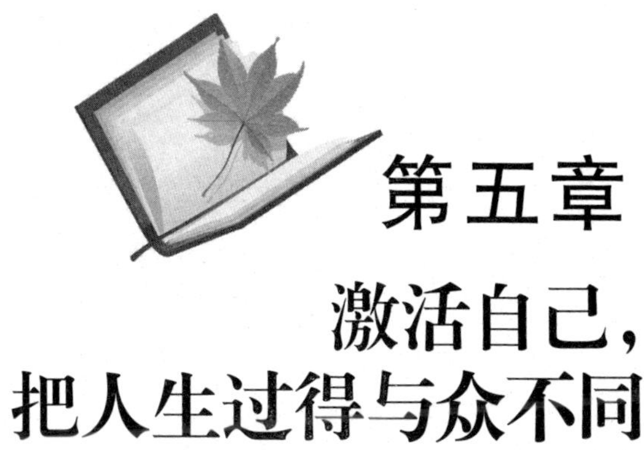

第五章

激活自己，把人生过得与众不同

心态决定命运，对于一个人来说，拥有成功的信念最重要。生命中或许有失望，但一定不能绝望。在坚定的决心下，成功之敌必无藏身之地。在明确目标的指引下，各种奇迹总是经过了热情火焰的锤打才被创造的。成功的人是在被击倒后、还能够站起来不断向前迈进的人。面对挫折和磨难，只要你的心灵选择坚强，就要勇敢地去挑战逆境。

你的生活，就是心态给予的样子

心态决定命运。有成功心态者处处都能发觉成功的力量，一个人有了积极的心态，成功就变得容易了。积极的心态是一个人战胜一切艰难困苦，走向成功的推进器；而消极的心态，只会束缚人们才华的发挥。

人与人之间只有很小的差异，但这种很小的差异却往往造成了巨大的差距！很小的差异就是所具备的心态是积极的还是消极的，巨大的差距就是成功与失败。成功人士的首要标志，就在于他们有积极的心态。一个人如果心态积极，乐观地面对人生，乐观地接受挑战和应付麻烦事，那他就成功了一半。

现实生活中，有人会因为失败而放弃，也有人因为战胜失败而成就一番大事业；有人会因为对手强大而畏惧，也有人会因为挑战巨人而使自己快速成为巨人；有人会因为产品卖不出去而抱怨产品、抱怨公司、抱怨顾客，也有人因为产品卖不出去而创新出大受市场欢迎的新产品和新服务；有人会因为受不了上司的严厉而每每跳槽，也有人会因为“严师出高徒”而使自己能胜任更复杂的工作后不断晋升到高位！

可见，对事物的看法，没有绝对的对错之分，但有积极与消极之分，而且每个人都必定要为自己的看法承担后果。消极思维者，对事物永远都会找到消极的解释，并且总能为自己找到抱怨的借口，最终得到了消极的结果。

接下来，消极的结果又会逆向强化他消极的情绪，从而又使他成为更加消极的思维者，这是一个恶性循环的怪圈。

在通往成功的道路上，曲折和坎坷是无法摆脱的困惑，而不管多么聪明的人，要想从众多的道路中选一条捷径，都离不开积极向上的心态。其实，人生中任何一种成功和幸福的获取，大多始于一个人积极向上的心态。

雨后，一只蜘蛛艰难地向墙上已经支离破碎的网爬去，由于墙壁潮湿，它爬到一定的高度，就会掉下来，它一次次地向上爬，一次次地又掉下来……第一个人看到了，他叹了一口气，自言自语："我的一生不正如这只蜘蛛吗？忙忙碌碌而无所得。"于是，他日渐消沉。第二个人看到了，他说：这只蜘蛛真愚蠢，为什么不从旁边干燥的地方绕一下爬上去？我以后可不能像它那样愚蠢。于是，他变得聪明起来。第三个人看到了，他立刻被蜘蛛屡败屡战的精神感动了。于是，他变得坚强起来。

生活中处处有磨难，关键在于你用怎样的心态去面对。成功人士与失败人士的差别在于成功人士有积极的心态和高昂的热情。的确，心态是真正的主人，你的心态决定了谁是坐骑，谁是骑师。积极的心态使你充满力量，去获得财富、成功、幸福和健康，攀登人生的顶峰。而消极的心态却把一切对你的生活有意义的东西剥夺得一干二净，让你对将来总感到失望。因为消极心态会散布疑云迷雾，限制你潜能的发挥。人若不相信自己所能达到的成就，他便不会去争取。

乐观的人习惯用积极的方式解释问题，悲观的人会把问题作负面解释。

乐观的人会把差别抛诸脑后、拒绝停留在问题上，悲观的人认为问题是他们短处的证明。乐观的人会不断地去思考如何做才能做得更好，而悲观的人往往停在自己做错的地方，变得堕落沮丧。

生于尘世，每个人都不可避免地要经历凄厉的寒风、淋漓的苦雨，面对艰难困苦，保持一种什么样的心态，将直接决定你的人生轨迹。美国成功学大师拿破仑·希尔说：“人是否能成功，关键在于他的心态。”心态决定事业的成败。有了良好的心态，不但能够快乐地生活，还会增长攀登事业高峰的勇气，使事业步步高升。

一个农民，初中只读了两年，家里就没钱继续供他上学了。他辍学回家，帮父亲耕种三亩薄田。在他19岁时，父亲去世了，家庭的重担全部压在了他的肩上。他要照顾身体不好的母亲和瘫痪在床的祖母。

20世纪80年代，农田承包到户。他把一块水田挖成池塘，想养鱼。但乡里的干部告诉他，水田不能养鱼，只能种庄稼，他只好把水塘填平。这件事成了一个笑话，在别人的眼里，他是一个想发财但又非常愚蠢的人。

听说养鸡能赚钱，他向亲戚借了500元钱，养起了鸡。但是一场洪水后，鸡得了鸡瘟，几天内全部死光。500元对别人来说可能不算什么，但对一个只靠三亩薄田生活的家庭而言，可以说是天文数字。他的母亲受不了这个刺激，竟然忧郁而死。

他后来酿过酒，捕过鱼，甚至还在石矿的悬崖上帮人打过炮眼……可都没有赚到钱。

35岁的时候，他还没有娶到媳妇。即使是离异的有孩子的女人也看不上他。因为他只有一间土屋，随时有可能在一场大雨后倒塌。娶不上媳妇的男人，在农村是没有人看得起的。

在接二连三的厄运面前，他没有被打垮，他乐观地坚信自己会成功，他还想再搏一搏，于是他四处借钱买了一辆手扶拖拉机。不料，上路不到半个月，这辆拖拉机就载着他冲入一条河里。他断了一条腿，成了瘸子。而那辆拖拉机被人捞起来时，已经支离破碎，他只好拆开它，当作废铁卖。

几乎所有的人都说他这辈子完了。

但是后来他却成为当地最大的集团公司的总裁，并且拥有5亿元的资产。现在，许多人都知道他苦难的过去和富有传奇色彩的创业经历。许多媒体采访过他，许多报告文学描述过他。

曾经有记者问他："在苦难的日子里，你凭着什么一次又一次地遇到困难却毫不退缩？"

他沉思片刻，回答说："在苦难的日子里，支撑我的是我良好的心态，我坚信自己终会成功……"

上文的故事给人强烈的震撼，这样的人，即使只有一口气，他也会努力去拉住成功的手，除非上苍剥夺了他的生命……

成功的道路坎坷曲折，逆境总是让人痛苦不堪。就是在这炼狱的逆境中，才历练出了凌驾困难的能力。任何一次挫折、失败都是生命恩赐

给我们的完善自己和超越别人的机会。

有的人一旦遇到失败和挫折，就会丧失意志和勇气，因之退缩；有的人则能从失败中吸取教训，获得经验，并将其化为一种前进的动力。困难可以将人击垮，也可以使人重新振作，问题是你如何养成积极的心态。

抱怨是无济于事的，不妨及时调整一下自己的心态，重新审视自己，转变观念，改变思考和行为方式。面对生活的困境，要积极地为自己创造无限美好的未来而努力。

美国作家罗威尔曾说："人世中不幸的事如同一把刀，它可以为我们所用，也可以把我们割伤。那要看你握住的是刀刃还是刀柄。"

人要以积极的心态去面对不幸，并靠积极的心态所激发出来的睿智，不让不幸的"刀刃"割伤自己；而是要紧握不幸的"刀柄"，让锋利的刀刃成为你挑战人生的有力武器。

人生中遇到困境确实令人痛苦，甚至窒息，但人生总要面临各种困境的挑战，而成大事者则能把困境变为成功的有力跳板。调整心态，切忌让情绪伤害自己，心态消极的人，无论如何都挑不起重担，因为他们无法直面一个个人生挫折。

生活中的不幸，要的不是你的绝望、软弱，它要的是你的坚持和心存美好。生活在苦闷之中，所有的事物都被蒙上了一层灰色，即使在困境之中，你也该为自己点燃一盏温馨的橘灯，温暖自己，照亮人生。

自我激励，激发出你的潜能

要学会给自己鼓掌，通过赞美自己的一次次小小的成功，来不断增强你奋力向前的信心，从而获得成功。能为自己喝彩的人敢于接受任何挑战，正是这种喝彩给他们带来源源不断的动力，无悔地追求自己的理想，最终实现自己的目标。

每个人都希望，也都需要得到别人的鼓励。日本有句格言："如果给猪戴高帽，猪也会爬树。"这句话听起来似乎不雅，但说明了这样一个道理：当一个人的才能得到他人的认可、赞扬和鼓励的时候，他就会产生一种发挥更大才能的欲望和力量。

但是，光靠别人的赞扬还不够——因为生活中不光有赞扬，你碰到更多的可能是责难、讥讽、嘲笑。这时候，你一定要学会从自我激励中激发自信心，学会自己给自己鼓掌。美国的一位心理学家曾说过："不会赞美自己的成功，人就激发不起向上的愿望。"是的，别小看这种"自我赞美"，它往往会给你带来欢乐和信心；信心增强了，又会鼓励你获得更大的成功，自信心也就会再度增强。

在现实生活中，有些人缺乏信心，总是期望得到别人的掌声。一个成功人士说："别在乎别人对你的评价，否则，会成为你的包袱，我从不害怕自己得不到别人的喝彩，因为我会记得随时为自己鼓掌。"

日本松下电器总裁松下幸之助，年轻时家庭生活很贫困，必须靠他一人养家糊口。有一次，瘦弱矮小的松下到一家电器厂去谋职。他走进这家工厂的人事部，向一位负责人说明了来意，请求给他安排一个最低下的工作。这位负责人看到松下衣着肮脏，觉得很不理想，但又不能直说，于是就找了一个理由——我们暂时不缺人，你一个月后再来看看吧。

这本来是个托词，但没想到一个月后松下真的来了，那位负责人又推托说此刻有事，过几天再说吧，隔了几天松下又来了。如此反复多次，这位负责人干脆说出了真正的理由，“你这样脏兮兮的是进不了我们工厂的。”

松下暗暗给自己打气，他回去借了一些钱，买了一件整齐的衣服穿上又返回来。那位负责人一看实在没有办法，便告诉松下，“关于电器方面的知识你知道得太少了，我们不能要你。”

面对挫折，松下并没有气馁，他一再鼓励自己，他在两个月内刻苦补习了电器方面的知识，之后再次来到这家企业。松下对负责人说：“我已经学了不少有关电器方面的知识，您看我哪方面还有差距，我一项项来弥补。”

这位人事主管盯着他看了半天才说：“我干这行几十年了，头一次遇到像你这样来找工作的。我真佩服你的耐心和韧性。”结果松下幸之助如愿以偿地进入了那家工厂。

在松下幸之助的人生历程中，他不断自我激励，逐渐成为一个非凡的人物。积极的自我激励使我们获得真正的成功和幸福的人生。如果你相信自己能够做到，你就能做到。你心里怎么想，你就会怎么做。不论你以前是什么样的人，或者现在是什么样的人，倘若你是凭积极的心态行动的，你就能变成你想做的人。

我们经常祝别人"心想事成"，事实上这不仅仅是一句祝福语，而是一个成功的秘诀。一个人相信自己是什么，就会是什么。一个人心里怎样想，就会成为怎样的人。我们每个人心里都有一幅"自我心像"，如果你心中想象的是做最好的你，那么你就会在你内心的"荧光屏"上看到一个踌躇满志、不断进取的自我，同时还会经常收到"我做得很好，我以后还会做得更好"之类的信息，这样你注定会成为一个最好的你。美国哲学家爱默生说："人的一生正如他一天中所设想的那样，你怎样想象，怎样期待，就有怎样的人生。"

积极的自我暗示是一种自我激励，它对自己的生理和心理活动都能产生积极的作用，有利于学习、生活和事业的成功。世界旅馆业巨头康拉德·希尔顿在拥有一家旅馆之前，很早就想象自己在经营旅馆。当他还是一个孩子的时候，就常常"扮演"旅馆经理的角色。自古以来，许多成功者都曾自觉或不自觉地运用了自我暗示的"排练"来完善自我，获得成功。激励能够鼓舞人们作出抉择并开始行动，激励能够提供动因。动因是在个人体内的"内部催动"，例如本能、热情、态度或想法，能激励人行动起来。养成经常激励自己的习惯，你就拥有成功的动力，你就能把握成功的机会。

张宇参加工作后，爱上了"小发明"，下班后，常常一头钻进自己的房间，看呀，写呀，试验呀，常常忙得连饭都忘了吃。为此，全家人都对他有看法。妈妈整天絮絮叨叨，没完没了地骂他"是个油瓶倒了都不扶的懒鬼”“将来连个媳妇都娶不上”；他的大哥就更过分了，看到他写写画画，摆弄这摆弄那就来气，甚至拍着胸脯发誓：“这辈子，你要能搞出一个发明来，我就头朝下走路……”

值得惊叹的是，张宇在这种难堪的境遇中，始终不泄气，不自卑，而且经常自我鼓励。厂报上每登出有关他的“革新成果”，哪怕只有一个“豆腐块”“火柴盒”那么大，他都要细细品味，然后把这些介绍精心地剪贴起来，一有空闲就翻出来自我欣赏一番。

在自己给自己的掌声中，张宇实验成功的“小发明”慢慢多起来，“级别”也慢慢高起来。几年后，他的“小发明”竟然在世界上获得了大奖。给自己鼓掌的做法，促使张宇获得了成功。

要学会欣赏自己、表扬自己，把自己的优点、长处、成绩、满意的事情，统统找出来，在心中“炫耀”一番，反复刺激和暗示自己“我可以”“我能行”“我真行”，就能逐步摆脱“事事不如人，处处难为己”的阴影的困扰，就会感到生命有活力，生活有盼头，觉得太阳每天都是新的，从而保持奋发向上的劲头。

美国心理学家威廉·詹姆士研究发现：一个没有受过激励的人，仅能发挥其能力的20%~30%，而当他受到激励后，其能力可以发挥80%~90%。这就是说，同样的一个人，在经过激励后，所发挥的能力和作用相当于激励前的3~4倍。可以说，激励是取得成功的重要条件。

激励自己，为自己鼓掌，绝不同于自我陶醉，而是为了强化自己的信念和自信心，正确地评价自己的能力。能为自己喝彩的人一定是强者，因为他敢于接受任何挑战，自强不息，正是这种喝彩给他们带来源源不断的动力，无悔地追求自己的理想，最终达到自己的目标。

人只有不断地自我激励才能最大限度地发挥潜能。我们应该每天给自己成功的暗示，当你的积极暗示形成习惯，融入你的血液里，那么你会成为一个永不绝望、永远自信的人，一个真正的强者。坚信自己的价值，学会为自己喝彩，才会拥有一个精彩的、有意义的人生。

信念具有强大的力量

对于一个人来说，成功的信念最重要。如果有坚定的信念，往往能使平凡的人做出惊人的事业。胆怯和意志不坚定的人即使有出众的才干、优良的天赋、高尚的品格，也终难成就伟大的事业。

每一个人都会有自己的信念，信念就是牢固的观念，或者说是对事物习惯性的看法。当你坚信某一件事情的时候，就无疑给自己的潜意识下了一道不容置疑的命令，有什么样的信念就决定你有什么样的力量。一切的决定、一切的思考、一切的感受与行动都会受控于某一种力量，它就是我们的信念。成功源于人的思考问题的方式，源于态度与信念。

行为科学认为，人的行为95%以上都是按照习惯行事的。信念的力量之所以巨大，是因为在95%以上的情况下，尤其是关键时刻，人的行为是按照自己潜意识中的习惯性看法行事的。如果一个人的信念系统有问题，那么他的行为有95%以上的概率会出问题。

如果你认为自己是一个平平淡淡的人，等待你的结果就真的平平淡淡；如果你认为自己注定是一个不平凡的人，等待你的结果常常就是成就一番事业。有一句拉丁格言说："每一个人都是他自己命运的设计师。"你通过每天所作的选择塑造你的个性，创造你的命运，就像一位雕塑家通过一刀一斧，慢慢地使手里的泥土成为艺术品一样。

要用积极的人生信念催化形成特有的决心、意志与毅力。信念主导人生命运，也是产生与维持人们为改变命运而必需的精神品质的核心动力源。

1949 年的一个阴雨绵绵的日子，一位 17 岁的小青年在巴黎一个酒吧喝闷酒。他出生于意大利威尼斯的一个商人家庭，第一次世界大战毁掉了他父亲的生意，一家人被迫迁居法国。母亲没有工作，父亲无力东山再起，全家的重担都落到他稚嫩的肩膀上。当时他在一家红十字会打工，收入很低，根本承担不了一家人的生活开支。他连一件像样的衣服都买不起，只好自己做，好在他有裁剪的爱好。"我的前途在哪里？偌大一个巴黎就没有属于我的机会吗？"他一杯接一杯地饮酒，一遍又一遍地在心里发问。

这时，一位衣着华贵的伯爵夫人坐到他旁边："你身上的衣服是从哪儿买来的？做得很不错。""我自己做的。""自己做的？"伯爵夫人显然很吃惊，然后她以十分肯定的语气对他说："孩子，努力吧，你一定会成为百万富翁！"

我的衣服做得很不错！我一定会成为百万富翁！从此，他坚信自己能够成功。1950 年，他租了一间简陋的门面开了一家服装店。就在这一年，他为著名影片《美女与野兽》设计剧装，并举办了一次服装展示会。他的事业开始一步一步向他心中的目标迈进。1974年12月，美国《时代》杂志封面刊登了他的照片，并称他为“本世纪欧洲最成功的服装设计师”。他就是皮尔·卡丹。

决心即力量，信心即成功。所有伟大的奇迹都是由信心的力量促成的。信心源于明确的目标及积极的态度。信心是一种态度，常使“不可能”消失于无形，信心不能给你需要的东西，却能告诉你如何得到。调查表明，成功者在成功之前，大都自信必成。这种信念给他们一股强大的动力，使他们百折不挠，不达目的誓不罢休。假如他们一开始就怀疑、犹豫、彷徨、观看，那么他们就不可能竭尽全力去排除万难，最后成就自己的人生。

人们常常会对自己本身或自己的能力产生“自我设限”的信念，其中的原因可能是因为曾经失败过，因而也不敢希望会有成功的一日，出于这种对失败的恐惧，他们便开始学得“务实”，事实上他仍是害怕，唯恐再一次遭到挫败的打击。长久以来，内心的恐惧成为一个根深蒂固的信念，当遇到事时便踌躇不前，即使做了也不会尽全力，不用说结果必然不会有多大的成就。

人的信念因不同国家、不同民族、不同需求而体现于不同的人，当人们选择了有益于人生的信念后，可以极大地增强人的精神动力，促使人们具有超常的承受力、忍耐力，帮助人们在人生的路途中，历经艰苦卓绝而不倒，化解风险而必胜。

1927年，金泳三出生在与釜山市隔海相望的巨济岛，父亲金

洪祚是一位渔场主，信奉基督教，母亲朴富连是一位贤惠朴实的家庭主妇。虽然家庭生活还算充裕，但少年时代的金泳三入学就读的条件却非常差。附近没有学校，从6岁开始，他每天都要爬过两座小山到2公里以外的小学去读书。升入高小后，他又要到离家更远的学校去就读。在小学期间，他不怕路途遥远，不顾山路崎岖，磨炼出了吃苦耐劳的坚强意志。进入中学后，他更加刻苦用功，以求获得更多的知识。在读高中时，金泳三就梦想成为韩国的总统，这位宏图远大的青年人在与同学们畅谈未来的志向时，挥笔写出了“金泳三——未来的总统”的大条幅，并把它贴在宿舍的墙壁上。正是这种坚定的信念，驱使他在日后的征途中百折不挠，成就了一番大业。1992年12月，金泳三当选为韩国第十四届总统。

自信对于人生是非常重要的，自信能使我们的潜能得到充分的发挥，帮助我们战胜困难，取得成功。这是因为当人拥有自信的时候，就会积极地寻找解决问题的办法，此时的大脑会高速地运转，考虑各种可能的方案。同时，我们会变得非常敏感，就像一个由于饥饿四处寻找食物的人那样，一点点微小的线索都会引起我们的注意。在这种情况下，我们往往能够急中生智，想出非常高明的解决方案。

在许多成功者身上，我们都可以看到超凡的自信心所起到的巨大作用。这些人在自信心的驱动下，敢于对自己提出更高的要求，并在失败的时候能够看到希望，最终获得成功。

在这个世界上，信念这种东西任何人都可以免费获得，所有积累了庞大财富和达到目的的人，最初都是从一个小小的信念开始的。信念是所有奇迹的萌发点。一个人的内心中如果蕴含着一个信念，并坚持不懈地为之努力，那么，他一定会成为笑到最后的人。

人生的悲哀在于毫无目标

如此多的人无法实现他们的理想，其原因在于他们从来没有真正定下生活的目标。有了目标，内心的力量才会找到方向。漫无目标地飘荡终归会迷路，而你心中那一座无价的金矿也因不开采而与平凡的尘土无异。

成就对人而言是快乐的基础。但要做个有成就的人，必须知道自己想成就的是什么？不少人终生都像梦游者一样，漫无目标地游荡。他们每天都按熟悉的“老一套”生活，从来不问自己：“我这一生要干什么？”他们对自己的作为不甚了了，因为他们缺少目标。

制定目标，是意志朝某个方向努力的高度集中。如果你不知道自己的方向，你就会谨小慎微，裹足不前。富人与穷人的区别，就在于富人有明确的奋斗目标。世界上最贫穷的人就是没有目标的人，因为连“梦想”都没有，还会拥有什么？

有什么样的目标就有什么样的人生。但每一条路都只能走向一个既定的目标。一个人，不可能同时向南又向北。路只能一步一步地走，目标只能一个一个地实现。你如果什么都想要，最终只会什么也得不到。托尔斯泰说：“人生目标是指路明灯。没有人生目标，就没有坚定的方向；而没有方向，就没有生活。”在人生的竞赛场上，无论多么优秀、素质多么好的人，如果没有确立一个鲜明的人生目标，也很难取得事业上的成功。许多人并不乏信心、能力、智力，只是没有确立目标或没有选准目标，所以没有走上成功的道路。这道理很简单，正如一位百发百中的神射击手，如果他漫无目标地乱射，也不会在比赛中获胜。

有一年，一群意气风发的哈佛大学生就要毕业了。在临出校门前，学校对他们进行了一次关于人生目标的调查。结果是：27%的人没有目标，60%的人目标模糊，10%的人有清晰但比较短期的目标，只有3%的人有清晰而长远的目标。

25年后，哈佛对他们进行了跟踪调查。结果是：3%的有清晰而长远目标的人25年间朝着自己选定的方向不懈努力，几乎都成了社会各界的成功人士，其中不乏行业领袖、社会精英；10%的有清晰短期目标的人不断实现自己的短期目标，成为各个领域中的专业人士；60%的目标模糊的人安稳地生活与工作，但都没有什么特别的成绩，几乎都生活在社会的中下层；而27%的没有目标的人生活过得很不如意，并且常常抱怨他人和社会。

对一个人来说，要想取得成功，一定要为自己设定一个可以追逐的目标。务实的人都会为自己树立一个能够实现的目标。他们都知道，如果把目标定得过高，不但会使自己无法脚踏实地地工作，而且也发挥不出目标的激励作用。因为在当我们付出很多努力，仍旧无法达到目标时，我们就会变得懈怠和灰心。只有为自己树立一个能够实现的目标，才可以使自己航向明确，脚踏实地地去追求自己想要的生活。

每个人都应该为自己树立一个符合实际的长远目标，同时，也应该为自己制定合适的分段目标，并逐一实现。这样，不但可以保证长远目标的实现，还可以提高我们做事的积极性。因为每一个分段目标的实现，都可以让我们在较短时间内看到成果，这对我们来说，也是最好的鼓励。

不时重新看看你的目标表，如果你认定某个目标应该调整，或用更好的目标取而代之，就要及时修改。当你达到了自己的目标，或是向它迈进了一步时，不妨庆祝一下。但不应该就此止步。在一个目标达成后，我们应当制定新的目标，不断向新的高度攀登。

世界富豪孙正义在19岁的时候，曾给自己做了60岁以前的规划：二十多岁时，要在所投身的行业扎下根；三十多岁时，要挣1亿美元的资金，赚下第一桶金，这些钱要能做成一件大事情；四十多岁时，要选择一个非常重要的行业，然后把重点都放在这个行业上，并在这个行业中取得第一，公司拥有十亿美元以上的资产用于投资，整个集团拥有一千家以上的公司；五十岁时，完成自己的事业，公司营业额超过一百亿美元；60岁时，把事业传给下一代，自己回归家庭，颐养天年。

孙正义因为很早就明确了目标，用了十几年的时间，就从一个不谙世事、一文不名的年轻人，成为闻名世界的大富豪。

一个人想要拥有一个理想完美的人生，就必须先拟定一个清晰、明确的人生指南针。成大事者时刻注意在人生的各个阶段精心打造生活的指南针，争取做到环环相扣，有条有理。

一定要确定自己的发展方向，并为此目的制订可行的计划。不要说什么，“我刚毕业，还不知道将来可能做什么?”“跟着感觉走，先做做看”。因为，这样的观点会通过你的潜意识去暗示你，让你无所事事、碌碌无为。对那些总是在生活中迷失方向的人来说，最痛苦的事莫过于看到别人朝着已有的指针行进着，并且每天都有收获，而自己由于各种各样的原因，整天都像无头的苍蝇一样，撞到哪儿算哪儿。

在科技发展的历史上，很多著名人士都是眼睛紧紧盯住目标，达到把握机遇的目的。德国昆虫学家法布尔这样劝告一些爱好广泛而收效甚微的青年，他用一个放大镜示意说:“把你的精力集中放到一个焦点去试一试，就像这块凸透镜一样。”这实际是他个人成功的经验之谈。他从年轻的时候起就专攻“昆虫”，甚至能够一动不动地趴在地上仔细观察昆虫长达几个小时。

人生是有限的，现实是残酷的，为自己树立一个能够实现的目标，并制订一个详细的计划，这样我们才能更快、更好地奔向成功。一个人如果把自己的所有精力都投入到一个可以实现的目标上，那么他肯定会在某件事上有所成就。如果他具有才能和判断力的话，那么他的成功将是巨大的。

燃烧你的热情，热情大于本领，大于一切

热情是一种能量，一种督促并且帮助我们前进的动力。一个人若是没有热情，他将一事无成，而当他有无限热情时，任何困难都会被热情融化。各种梦想总是在烈火般的热情中得以实现，各种奇迹也总是经过热情火焰的锤打才被创造。

人不能没有热情，一旦失去了热情，军队便失去了前进的方向；一旦失去了热情，人类也将会与许多伟大的事件擦肩而过。热情是高效率工作的动力，是始终如一地高质量完成任务的重要因素，是创造辉煌业绩不可缺少的品质。

热情，是所有伟大成就的取得过程中最具有活力的因素。它融入了每一项发明、每一幅书画、每一尊雕塑、每一首伟大的诗、每一部让世人惊叹的小说当中。它是一种精神的力量，在那些为个人的感官享受所支配的人身上，你是不会发现这种热情的。它的本质就是一种积极向上的力量。

每个人的内心都有着热情，但是能好好利用这份热情来执着于目标的却不多。热情是实现目标最有效的方式，只有对自己的愿望有热情的人，才有可能把目标变为现实。我们的心中不缺乏热情，但却缺少对热情的引导与保持，缺乏对热情的开发，不少人在工作开始之初总是信心十足，但这种热情却很难维持，最终很快就放弃了目标。

1946年，美国心理学家所罗门·阿希做了一个心理学上著名的实验，被称为“热情的中心性品质”实验。他列出有关人格的六项品质，包括：聪明、熟练、勤奋、热情、实干和谨慎给一组被试者。同时，他给另一组被试者几乎同样的六项品质，不同的仅仅是把“热情”换成了“冷漠”。要求两组被试者对表中的人作一次详细的人格评定，阿希教授让被试者说明，他们希望这两组具有几乎相同品性的人具有什么样的其他品质。

答案出来了，仅仅是一个“热情”与“冷漠”的区别，具有“热情”品质的人，受到了被试者的衷心喜爱，人们慷慨地用各种优秀的品质描述他。而那个“冷漠”代替了“热情”品质的人，遭到了人们的敌意和仇恨，被试者把各种恶劣的品质统统罗列在他的“冷漠”品质之下。

这项实验证明，在人类的品质描述中，热情和冷漠成为人类品质的中心，它决定了一些其他相关联的品质，它包含了更多有关个人的内容。因而，热情和冷漠被称为“中心性品质”。

心理学家认为，热情的人之所以被人们喜欢，是因为热情的品质包含了更多的个人内容，它让人们联想到与之相关的其他优良品质和特性，这正是“光环效应”的反应。一旦我们被热情所吸引，就会认为热情的人真诚、积极、乐观。热情感染着我们的情绪，带给我们美妙的心境，让我们感到愉快和兴奋。热情能带来幸运，因为人们都喜爱热情的人，对他们也宽容，容易满足他们的要求。

热情具有伟大的力量，鼓动我们以更快的节奏迈向人生的目标。19世纪英国著名首相狄斯雷利曾说过："一个人要想成为伟人，唯一的途径便是做任何事都得抱着热情。"保持热情的习惯，你可以用表情、讲话及工作来达到这样的效果。可千万别想浑浑噩噩地过日子，那不仅生活过得会很乏味，人生也会充满了贫瘠。如果做任何事情带着振奋与热情，它就会变得多彩多姿。

爱默生说："缺乏热诚，难以成大事。"热诚是一把火，它可燃烧起成功的希望。要想获得这个世界上的最大奖赏，你必须拥有将梦想转化为全部有价值的献身热情，来发展和推销自己的才能。满怀热情地投入工作，用激情去工作才能获得财富。所以说，一个没有工作热情的人永远不能使别人热情；反过来说，热心工作的人很快就有同样热心的追随者了。

美国作家威·莱菲尔普斯一次走进一家袜店，一个年纪不到17岁的少年店员迎面问道："先生，您要什么？您是否知道您来到的地方是世界上最好的袜店？"

少年从一个个货架上拖下一只只盒子，把里面的袜子展现在作家的面前，让他鉴赏。"等等，小伙子，我只买一双！"作家有意提醒他。"这我知道，"少年说，"不过，我想让您看看这些袜子有多美、多漂亮，真是好看极了！"少年的脸上洋溢着庄严和神圣的喜悦，作家立刻对这个少年产生了兴趣，把买袜子的事情抛之脑后，他略微犹豫了一下，然后对那个少年说："我的朋友，如果你能天天如此，把这种热心和激情保持下去，不到十年，你会成为美国的袜子大王。"

如果你不能使自己的全身心都投入到工作中去，你无论做什么工作，都可能沦为平庸之人。当你兴致勃勃地工作，并努力使自己的老板和顾客满意时，你所获得的利益就会增加。

在你的言行中加入热情吧，热情是一种神奇的要素，吸引并且影响着人们，同时它也是成功的基石。一个人如果缺乏热情，那是不可能有所建树的。

作家拉尔夫·爱默生说："热情像糨糊一样，可让你在艰难困苦的场合里紧紧地粘在这里，坚持到底。它是在别人说你'不行'时，发自内心的有力声音——'我行'。"

热情是战胜所有困难的强大力量，它使你保持清醒，使你全身所有的神经都处于兴奋状态，去进行你内心渴望的事；它不能容忍任何有碍于实现既定目标的干扰。

没有热情，军队就不能打胜仗，雕塑就不会栩栩如生，音乐就不会如此动人，人类就没有驾驭自然的力量，给人们留下深刻印象的雄伟建筑就不会拔地而起，诗歌就不能打动人的心灵，这个世界上也就不会有慷慨无私的爱。

如果我们能以充分的热情去做最平凡的工作，也能成为最精巧的工人；如果以冷淡的态度去做最高尚的工作，也不过是个平庸的工匠。倘若能处处以主动、努力的精神来工作，那么即使在最平庸的职业中，也能增加他的威望和财富。火一般的热情引导我们走向成功的明天！

有绝处逢生的决心，就能置之死地而后生

> 生命中或许有失望，但一定不能绝望。只要自己不放弃希望，充满信心，就可能战胜困难而获得成功。如果抱着不达目的绝不罢休的决心，就会排除万难，去争取胜利，把犹豫、胆怯等负面情绪全部赶走。在坚定的决心下，成功之敌必无藏身之地。

人的决心是一种精神气质的体现，也是一种积极挑战人生的心态。人生为实现目标的各种作为与成效，很大程度上与人们的决心状态相关联。印度格言说："人们如果下定了坚强的决心，神仙也会来帮忙。"足见决心可以推进人生，积聚力量，还可以感动与调动外在有利的因素。人生命运历程中没有平坦的路可走，在各种艰难险阻中，没有坚定的决心以及由此而产生的巨大动力，要想如意地拓展人生之路，实现命运的跃升，也是一句空话。

记得一篇文章中有这样一段话：当面对一堵很难攀越的高墙时，不妨把你的帽子扔过去，然后你就不得不想尽一切办法翻过高墙到那下边去了。"把自己的帽子扔过墙去"，这就意味着你别无选择，为了找回自己的帽子，你必须翻过这堵围墙，毫无退路可言，这就是给自己施加压力，让自己永远不要有退缩的念头，战胜困难，争取成功。

在人生道路上，困难和挫折是难免的，人生起起落落也无法预料，但是

有一点我们一定要牢牢记住：永不绝望。当我们身陷逆境时，千万不要忧郁沮丧，无论发生什么事情，无论你有多么痛苦，都不要整天沉溺于其中无法自拔，不要让痛苦占据你的心灵。困难来临时，我们要有勇气直面困难、打倒困难，以坚定的决心战胜困难。

德国精神学专家林德曼用亲身实验证明：一个人只要对自己抱有信心，就能保持精神和肌体的健康。当时，德国举国上下都关注着独舟横渡大西洋的悲壮冒险，已经有一百多名勇士相继驾舟均遭失败，无人生还。林德曼推断，这些遇难者首先不是从肉体上败下来的，主要是死于精神崩溃、恐慌与绝望。为了验证自己的观点，他不顾亲友的反对，亲自进行了实验。1900 年 7 月，林德曼独自驾着一叶小舟驶进了波涛汹涌的大西洋，他在进行一项历史上从未有过的心理学实验，预备付出的代价是自己的生命。在航行中，林德曼博士遇到难以想象的困难，多次濒临死亡，他眼前甚至出现了幻觉，运动感觉也处于麻木状态，有时真有绝望之感。但只要这个念头一升起，他马上就大声自责：懦夫，你想重蹈覆辙，葬身此地吗？不，我一定能成功！终于，他胜利横渡了大西洋。

成功者与普通人最大的区别之一就在于是否下定决心。失败不是一夜之间造成的，成功也不是一夜之间产生的，成功和失败都来自你所作的决定和为之付出的行动。如果我们下定决心，全力以赴地行动，我们必定能改变自己的人生，创造更加美好的未来。

你的人生取决于你所作的决定。不管你现在的境遇怎样，命运即将从

你下定决心的那一刻开始改变。富有决心是重要的积极心态，是决心而不是环境在决定我们的命运。要成功首先得下定决心，决心有多大，决定着你成功的系数有多大。

很多人在开始做事的时候往往给自己留着一条后路，作为遭遇困难时的退路，这样怎么能够成就伟大的事业呢？破釜沉舟的军队，才能决战制胜。同样，一个人无论做什么事，必须具有绝无退路的决心，勇往直前，遇到任何困难、障碍都不能后退。如果立志不坚，随时准备遇难而退，那就很难有成功的一日。

恺撒是一位出色的军事将领。有一次，他奉命率领舰队前去征服英伦诸岛。出发前他检阅舰队，才发现严重的问题。随船远征的军队人数少得可怜，而且武装配备也残破不堪，以这样的军力去征服骁勇善战的盎格鲁撒克逊人，无异于以卵击石。

但军令如山，恺撒决定背水一战。舰队到达目的地之后，恺撒和所有士兵全数下船后，立即命令部属一把火将所有战舰烧毁。同时，他召集全体战士，明确地告诉他们：战船已全部烧毁，大伙儿只有两种选择。一是勉强应战，如果打不过勇猛的敌人，后退无路，只得被赶入海中喂鱼；二是奋勇向前，攻下该岛，则人人皆有活命的机会。求生是人的本能，士兵们人人抱定必胜的信念，终于攻克强敌，以弱制强。恺撒也因为这次成功的战役而备受重视，直到日后掌握大权。

这个故事告诉我们一个道理：人在绝境或遇险的时候，会展现出非凡的能力，这就是潜力，人没有退路，就会产生爆发力，这种爆发力就是潜能，一个人有90%左右的潜能没开发出来，如果它爆发，该是多么惊人的力量啊！

为什么一个人的生命能产生彻底的变化？最简单的答案就是四个字：下定决心。因为真正的决心是一种强烈的欲望，一种不达目的誓不罢休的精神，是一种对生活现状忍无可忍的态度。当我们下定决心一定要去做的时候，那些起初看起来很艰难的事情就会变得非常简单。改变的力量源自决心，只有下定决心，潜能才能被发掘。请记住，你的人生直到你下定决心的那一刻才发生实质性的变化，你所作的决策决定了你未来的方向。你的今天是你三年前作出决定的结果，同样，三年后会怎样就取决于你今天所作的决定！

仔细想来，每个人其实都有着这样或那样的"围"：主观认识上的偏见，个性上的不足，客观上的陈规陋习等都制约着我们实现生命价值的最大化。如果我们想在一生中有所作为，我们就必须学会不停地突围。突围是我们给予自己的最好礼物，一个人可以出身贫贱，可以遭受屈辱，但绝对不能缺少突围的精神，没有这种精神，你就会失去行走的能力，永远也抵达不了人生的大境界。

当灾难将我们置于忍无可忍的痛苦深渊时，一定要磨炼意志，强化信念，形成一种压倒一切的心理力量。没有任何一种生活是十全十美的，但只要有坚定的决心，就没有跨越不了的障碍，就没有抵达不了的彼岸。

不是境况造就人，而是人造就境况

人不能选择出生的环境与际遇，不能逃避人生的窘境与灾难。在不可改变的现实面前，必须加以承受，必须顽强地面对。成功的人不是从未被击倒过的人，而是在被击倒后，还能够积极地往成功之路不断迈进的人。

我们经常以为一个人的成就深受环境影响，有什么样的遭遇就有什么样的人生。这实在太荒谬了，影响我们人生的绝不是环境，也绝不是遭遇，而是看我们对这一切抱有什么样的信念。安东尼·罗宾深信，决定我们人生的关键不在于所面对的环境，而在于我们决定要如何去面对。我们都听说过一些伟人的故事，他们无视于所处的逆境，坚持所作的决定并一心向前，结果让困顿的人生开出璀璨的花朵。

在任何时候，恶劣的环境都比安逸的条件更能激发人们的斗志，并且可能形成一种巨大的力量，带领我们发现一条新路，前往我们从来没想象过的地方。这是因为，我们并不知道自身的潜力能够在多大程度上突破环境的局限。一旦抛开内心的畏惧，这种潜力就能被最大限度地发挥出来，并找到可行的办法，来打破环境和条件的局限。

成功的人会自行创造出各种有利于自己的环境，而不是被一般世俗的环境所影响。拿破仑曾说："我会设法创造或改造那些对我有影响的环境。"

他是一个冷酷无情的人，嗜酒如命且毒瘾甚深，有好几次差点儿把命都丢了，就因为在酒吧里看不顺眼一位酒保而犯下杀人罪，目前被判终身监禁。

他有两个儿子，年龄相差才一岁，其中一个跟他老爸一样有很重的毒瘾，靠偷窃和勒索为生，目前也因犯了杀人罪而坐监；另一个儿子可不一样了，他担任一家大企业的分公司经理，有美满的婚姻，养了三个可爱的孩子，既不喝酒，也不吸毒。

为什么同出于一个父亲，在完全相同的环境下长大，两个人却会有不同的命运？在一次个别的私下访问中，记者问起造成他们现况的原因，二人竟然是相同的答案："有这样的老子，我还能有什么办法？"

如果我们有心，也都可以成为成功者当中的一员，然而要怎么去做呢？很简单，那就是今天就下定决心，到底在未来的十年里或更长的日子里要成为怎样的一个人。如果你不打算作这样的决定也没关系，事实上你已经作了决定，就是甘心把自己的人生交给环境，任由它来主宰。你整个人生的改变就取决于那一天的决定，如果你下定决心不再浑浑噩噩度日，而要做自己人生的主人，得到你所期望的未来，那你得为自己拟订更上一层楼的标准和对自己的期望，同时还得用顽强的毅力去达成这样的标准，否则将永远得不到所期望的人生。

遗憾的是大多数人从不这么做，反而一味地给自己找借口，不是家境不好、没有背景，便是学历不足、没有机会，甚至怪罪到自己的年纪太老或太小。这些借口其实都不是理由，它只会限制个人潜能的发挥，甚而会毁掉他的一生。

果断地作出决定，可以令你不再为自己找借口，在很短的时间里让自己彻头彻尾地改变，不管是家庭、事业、心态、健康、收入乃至人际关系。我们可以说“决定”乃是一切改变的动力，它可以改变一个人、一个家、一个国家和整个世界。有些人经常抱怨他们的工作，当被问起为何还要去上班，他们的答案差不多千篇一律：“我不能不去工作。”难道这些人真是如此无奈吗？事实上，他们没有这个必要，如果你不喜欢目前的工作，换掉它；如果你不喜欢目前的个性，改变它；如果你不喜欢目前的体能状况，锻炼它。只要你对自己任何方面不满意的话，都可以改变它，不过需要先作出决定，这样人生才能改变。

不要把失败归咎于环境，因为这样只会使自己处在困境中，因而更加堕落。只要自己有创造环境的勇气，命运是掌握在我们自己手中的。

有一个年轻人，因为家贫没有读多少书，他去了城里，想找一份工作。可是他发现城里没一个人看得起他，因为他没有文凭。就在他决定要离开那座城市时，忽然想给当时很有名的银行家罗斯写一封信。他在信里抱怨命运对他如何不公，“如果您能借一点钱给我，我会先去上学，然后再找一份好工作。”

信寄出去了，他便一直在旅馆里等，几天过去了，他花光了身上所有的钱，也将行李打好了包。就在这时，房东说有他的一封信，是银行家罗斯写来的。可是，罗斯并没有对他的遭遇表示同情，而是在信里给他讲了一个故事。

罗斯说：在浩瀚的海洋里生活着很多鱼，那些鱼都有鱼鳔，但是唯独鲨鱼没有鱼鳔。没有鱼鳔的鲨鱼照理来说是不可能活下去的。因为它行动极为不便，很容易沉入水底，在海洋里只要一停下来就有可能丧生。为了生存，鲨鱼只能不停地运动，多年后，鲨鱼拥有了强健的体魄，成了同类中最凶猛的鱼。最后，罗斯说，这个城市就是一个浩瀚的海洋，拥有文凭的人很多，但成功的人很少。你现在就是一条没有鱼鳔的鱼……

那晚，他躺在床上久久不能入睡，一直想着罗斯的信。突然，他改变了决定。第二天，他跟旅馆的老板说，只要给一碗饭吃，他可以留下来当服务生，一分工钱都不要。旅馆老板不相信世上有这么便宜的劳动力，很高兴地留下了他。10 年后，他拥有了令人羡慕的财富，并且娶了银行家罗斯的女儿，他就是石油大王哈特。

这个故事告诉我们：影响我们人生的绝不是环境，也不是遭遇，而是我们抱有什么样的信念。不是环境，也不是遭遇能够决定一个人的一生，而是看他对于这一切赋予什么样的意义，这不仅决定他的现在，也决定他的未来。人生到底是喜剧收场还是悲剧落幕，是丰丰富富的还是无声无息的，就在于这个人到底抱有什么样的信念。

从你作出决定的那一刻起，人生便已经注定，你此刻及今后每一天所作的决定，都将决定你未来的人生。在过去的岁月里，你可曾有过挫折打击、伤心失望或无力无助的遭遇？多数人都曾有过，如果你也有，请问你是如何面对的？你是因此退缩了，还是更加勇往直前？你当时所作的决定到今天产生了什么影响？

拿破仑·希尔说：“每种逆境都含有等量利益的种子。”你想想：在过去有些事情似乎有巨大的困难或不幸的经历，但它们却鼓舞着你去夺取属于你的成功和幸福。为什么呢？是你的斗志。是困难和不幸激发你的斗志，使你不但没有被打败，反而获得了更大的动力，从而取得新的成功。

人会遇到各种各样的际遇。也许是闪烁着光芒的，也许是处于低谷的，但是人要升华自己，就必须学会向前迈进，有拼搏的精神。勇士和懦夫都经历过人生的低谷，曾经站在同一个出发点，不同的是勇士心中拥有一股拼搏精神，懂得拼搏人生，而懦夫，只会裹足不前。

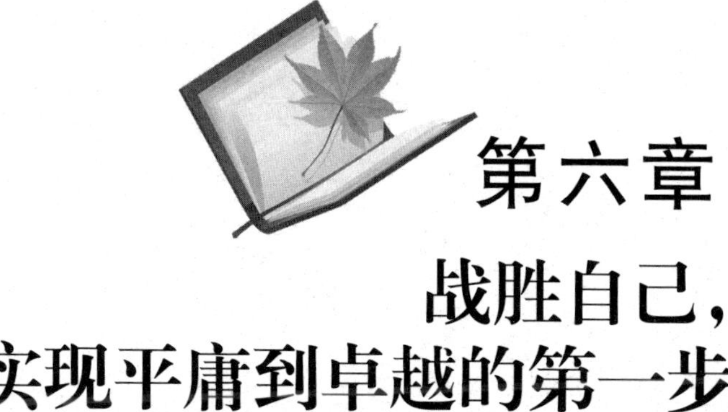

第六章 战胜自己，是实现平庸到卓越的第一步

无法选择环境时，至少还可以选择态度。挫折与磨难虽然会造成我们肉体上的痛苦、生活上的贫困，但并非一无是处，它们可以增强人的意志，锻炼人的品格，更好地挖掘生命本身的潜力，最终使你成为一个成就大业的勇者。没有一个人命中注定是要失败的，只要你用自信和行动战胜自己，你就能排除一切障碍，赢得成功。

将一切事情做好的前提是让自己变好

想要改变世界，必须先改变自己。我们可以改变自己的某些观念和做法，以抵御外来的侵袭。心若改变，态度就会改变；态度改变，习惯就会改变；习惯改变，人生就会改变。当自己改变后，眼中的世界自然也就跟着改变了。

一个人如果不先改正自己的缺点和不足之处，使自己成为一个人格完善的人，就很难获得成功，更谈不上去影响和改变别人。人活在世上的任务首先是改变自己，进而改变世界。如果同事对你不友善，你不去改正自己的缺点，即使你换个单位也没用；如果你的成绩提不上去，你不去改变学习方法和学习态度，即使换了老师也没用。只要你一改变，生活也会随之改变。

有人会说，我是很想立即改变现状，但周围的大环境就这样，不允许，没办法呀！他必定是忘了：一个人在面临无法改变的环境的时候，首先要学会改变自己，自己改变了，环境也会随着改变。西方有句谚语："生存取决于改变的能力。"不少人往往是一方面既想改变现状，另一方面又害怕承受痛苦，结果把自己弄得既矛盾又挣扎，折腾了一大圈又回到起点。改变是痛苦的，但是不改变，那将是更大的痛苦。

成功学专家陈安之说："不要把赚很多钱当作你人生最重要的目标。只要你能够成为最好的人物，最好的事情也就会发生在你身上。当你想要得到一切最美好的事物，你必须把自己变成最优秀的人。”所以，在失意的时候，不要急着抱怨这个世界不公平，世界从来不会因为某个人的抱怨而改变。不如先改变自己来适应环境，然后逐步去改变环境。如果一个人，人是正确的，他的世界就会越来越光明。

福勒是美国一个黑人佃农的儿子。他5岁就开始参加家庭劳动，他们一家一直过着很贫穷的生活。福勒有一位不平常的母亲，她很早就发现福勒与其他6个孩子不同。母亲经常有意识地将福勒拉到身边，跟他谈论心中的想法。她反复地说：“福勒，我们不应该贫穷！我们的贫穷不是由上帝安排的，而是我们家庭中的任何人都没有产生过出人头地的想法……”

我们的贫穷是因为我们没有奢想过富裕！这个观念在福勒的心里刻下了深深的印记，成就了他以后无比辉煌的事业。福勒改变贫穷的愿望像火花一样迸发了出来——他挨家挨户推销肥皂达12年之久，并由此获得了许多商人的尊敬和赞赏。一段时间以后，福勒不仅在最初工作的那家肥皂公司，而且在其他7家公司都获得了控股权。可以说，福勒获得了巨大的成功。他彻底改变了家庭的贫穷，扭转了家庭的命运。

“适者生存，不适者则被淘汰”，这是自然规律，世上的事物时时刻刻都在发生着改变。如果你跟不上社会的步伐，就会被社会抛得越来越远。面对这样的状况，只有改变自己才是出路。

许多时候，担心是多余的，欣然地面对现实，勇敢地接受挑战，就会塑造一个“全新的自己”。人生是由一连串的改变形成的。当你的环境、教育、经验、吸收的信息发生变化，你的心理多多少少都会产生不同程度的变化。改变就是机会，只要你及时处理，就会有好的机会与开始，而且，唯有良好的自我改变，才是改变事情、改造状况，甚至改变环境的基础。

改变自己就要学会接受新事物，因为每个人都有着无限的潜能等待开发，只可惜，我们往往限制自己的心态。科技进步的速度快得惊人，相对也引导社会各方面的发展，如果你仍一味地沿用旧的思想、旧的做法去做人做事，那就会被社会淘汰。所以，千万不要当个死硬派，很多不该再坚持的观念，何苦抓住不放呢？接受新思想，摒弃不适当的旧观念，会使你改造自己，成为扩大格局的好起点。

在 27 岁时，日本保险业泰斗原一平才进入日本明治保险公司开始他的推销生涯。当时，他穷得连午餐都吃不起，经常露宿公园。

有一天，他向一位老和尚推销保险。等他详细地说明之后，老和尚平静地说：“听完你的介绍之后，丝毫引不起我投保的意愿。”老和尚注视原一平良久，接着又说：“人与人之间，像这样相对而坐的时候，一定要具备一种强烈的吸引对方的魅力，如果你做不到这一点，将来就没什么前途可言了。”原一平哑口无言，冷汗直流。

老和尚又说：“年轻人，先努力改造自己吧！”

“改造自己？”

“是的，要改造自己首先必须认识自己，你知不知道自己是一个什么样的人呢?”

老和尚又说:“你在替别人考虑保险之前,必须先考虑自己,认识自己。”

“考虑自己? 认识自己?”

“是的! 赤裸裸地注视自己,毫无保留地彻底反省,然后才能认识自己。”

从此,原一平开始努力认识自己,改善自己,大彻大悟,终于成为一代推销大师。

人生在世,谁不渴望出人头地? 美国成功哲学演说家金·洛恩说过:“成功不是追求得来的,而是被改变后的自己主动吸引而来的。”我们之所以没有成功,是因为在我们身上存在着许多致命的缺点,如自私、傲慢、急躁、没有明确的人生目标、缺少自信、做事情不脚踏实地、没有耐心等,这些缺点严重制约了我们的发展。只要对自己进行深刻的检讨,采取改进措施,你的精神面貌就会发生巨大变化,你会感觉自己在一天天地向成功迈进。

适者生存,这是人类一切问题的答案。试图让整个世界适应自己,这便是麻烦所在。试图让一切适应自己,这是很幼稚的举动,而且是一种不明智的愚行。想要改变世界很难,而改变自己则较为容易。如果你希望看到自己的世界改变,那么你首先需要改变的就是自己。

世界是在不断发展变化的,每个人也是在不断发展变化的。变化始终存在,不管这变化是好是坏,我们必须接受,而变化的好坏往往取决于人的适应能力。要适应瞬息万变的社会,我们必须作出改变,而且,改变必须从今天开始,马上开始,从自己开始,从每一件小事开始,这样才能获得成功!

既然无法选择工作，就改变你的态度

一个人无法选择工作时，至少还有一样可以选择：就是好好干还是得过且过。在同一种工作岗位上，勤恳敬业就会收获得多，其实这样的选择也决定了将来的被选择。态度决定了我们的未来，一个人能否成功，取决于他的态度！

当你无法适应周遭的环境时，那么，失败与毁灭就将常伴你左右。反之，你才能获得人生的成功与完善。成功人士与失败人士之间的差别是：成功人士始终用最积极的思考、最乐观的精神支配和控制自己的人生；失败者刚好相反，他们的人生是受过去的种种失败与疑虑所引导和支配的。一句话，适者生存。

有些人总喜欢说，他们现在的境况是别人造成的，环境决定了他们的人生位置。这些人常说他们的情况无法改变。但如何看待人生，可以由我们自己决定。在任何特定的环境中，人们还有一种最后的自由，就是选择自己的态度。

前中国男足主教练米卢有一句名言：“态度决定一切。”说得很精辟，他说的态度就是责任心。责任心对工作质量、对事业的成败起着决定性作用。缺乏责任意识，心思和精力不用在工作上，即使能力再强、水平再高，也不可能把工作干好。有了强烈的责任意识，就会有使命感，就会对自己高标准、严要求。态度不一样，精神状态、工作标准和工作质量也不一样。

曾任北京外交学院副院长的任小萍女士说，在她的职业生涯中，每一步都是组织上安排的，自己没有什么自主权。但在每一个岗位上，她也有自己的选择，那就是要比别人做得更好。

1968年，任小萍成为北外的一名工农兵学员。当时她在班里的年纪最大，水平最差，但等到毕业的时候，她已经成为全年级最好的学生。大学毕业后，她被分到英国大使馆做接线员，这是很多人都觉得没出息的工作，但任小萍却把这个普通的工作做到了极致。她把使馆所有人的名字、电话、工作范围甚至连他们的家属名字都背得滚瓜烂熟。有些电话打进来，有事不知道该找谁，她就会多问问，尽量帮他准确找到人。慢慢地，使馆人员有事外出，并不是告诉他们的翻译，而是给她打电话，告诉她会有谁来电话，请转什么，有很多公事私事也委托她通知，任小萍成为全面负责的留言点、大秘书。有一天，大使竟然跑到电话间，笑眯眯地表扬她，这是破天荒的事，结果没多久，她就因工作出色而被破格调去给英国某大报记者做翻译。不久，工作出色的任小萍就被破例调到美国驻华联络处，她干得同样出色，并获外交部表扬。

最常见同时也是代价最高昂的一个错误，就是认为成功依赖于某种天才，某种魔力以及某些我们不具备的东西。可实际上，成功的要素是掌握在我们自己手中的，成功是正确思维的结果。一个人能飞多高，不仅有着人的其他因素，更重要的是受他自己的态度所制约。

你有没有因为在公司里不受重用，而不满意自己的工作？这个时候，你是愤愤地递给老板辞职书，还是做点其他的事呢？只知抱怨老板的态度，却不反省自己的能力，不力求改进，是不会在工作中取得成绩的。如果你回头来看，就会惊讶地发现，以前你没有受到重用，关键在于你没有严格要求自己，只把自己定位在极低的水平上。

无论你拥有多好的技术与方法，如果你没有正确的人生态度——一切无用！只要你拥有正确的人生态度，方法与技术你都能得到！失败一定有原因，但成功也需要方法。成功最重要、最快捷的诀窍就是学习成功者。学习成功者的人生态度；像成功者一样去思考；像成功者一样去决策；像成功者一样去行动！

要托妮·莫里森是美国著名黑人女作家，1993年诺贝尔文学奖获得者。在莫里森的少年时代，由于家境贫困，从12岁开始，每天放学以后，她都要到一个富人家里打几个小时的零工，十分辛苦。一天，她因工作的事向父亲发了几句牢骚。父亲听后对她说："听着，你并不在那儿生活。你生活在这儿。在家里，和你的亲人在一起。只管去干活就行了，然后拿着钱回家来。"

莫里森后来回忆说，从父亲的这番话中，她领悟到了人生的四条经验：一、无论什么样的工作都要做好，不是为了你的老板，而是为了你自己；二、把握你自己的工作，而不让工作把握你；三、你真正的生活是与你的家人在一起；四、你与你所做的工作是两回事，你该是谁就是谁。

在那之后，莫里森又和形形色色的人一起工作过：有的很聪明，有的很愚蠢；有的心胸宽广，有的小肚鸡肠。但她从未再抱怨过。

要看一个人做事的好坏，只要看他工作时的精神和态度。如果某人做事的时候感到所做的工作困难重重，劳碌辛苦，没有任何趣味可言，那么他绝不会取得伟大的成就。一个人对工作所具有的态度，和他本人的性情、做事的才能，有着密切的关系。了解了一个人的工作，在某种程度上就是了解了这个人。

我们常听到这样一种说法："唉，没意思呀，不过是给别人打工罢了！"说这话的人往往心里有一种惆怅，因为他总认为自己是在为别人干事。然而，问题不在于你是不是替别人打工，而在于你以什么态度来对待眼前的工作。如果积极地工作，情况自然就会改变。很多事实早就证明了这点。一些著名的大人物，在他们年轻的时候，有多少不是替别人在打工呢？可见为别人打工并不要紧，也不会妨碍以后的发展与成功，相反，这是一个在实践中学习锻炼的机会，是积累经验的机会。关键就在于你自己如何认识，采取什么态度。

在任何情形之下，都不允许你对自己的工作表示厌恶。如果你为环境所迫，而做着一些乏味的工作，你也应当设法从这乏味的工作中找到乐趣。有了这种态度，无论做什么工作，都能有很好的成效。

积极看到批评，从批评中找寻推动力

生活总是用严厉的方式提醒我们改进不足，提高能力，批评是其中的一种。如果你对这个提醒不加注意，很快将遭遇人际关系破裂、机会尽失的危机。所以，善于对待批评并从中找到改进自己的方法，是智者应掌握的一门生存哲学。

每个人都有缺点，谁都难免会犯一些错误，遭受一些批评。当我们犯错误的时候，脑子里往往会出现想隐瞒自己错误的想法，害怕承认之后会很没面子。其实，承认错误并不是什么丢脸的事。反之，在某种意义上，它还是一种具有“英雄色彩”的行为。因为错误承认得越及时，就越容易得到改正和补救。而且，自己主动认错也比别人提出批评后再认错更能得到别人的谅解。更何况一次错误并不会毁掉你今后的道路，真正会阻碍你的，是不愿承担责任，不愿改正错误的态度。

我们需要总结昨天的失误，但我们不能对过去的失误和不愉快耿耿于怀，因为伤感也好，悔恨也罢，都不能改变过去，不能使你更聪明、更完美。如果总是背着沉重的怀旧包袱，为逝去的流年伤感不已，那只会白白耗费眼前的大好时光，也就等于放弃了现在和未来。

面对别人各种各样的批评，首先要具有积极的心态，要清楚地认识到，一些破坏性批评，是对方消极心态的表现，不能受他的影响。另外，在反省自己时，也要把握对事不对人，对未来不对过去的原则，千万不能自暴自弃、自我埋怨。

当年马修布拉在美国国际公司担任总裁的时候，有人问他是否对别人的批评很敏感？他回答说："是的，我早年对这种事情非常敏感。我当时急于要使公司里的每一个人都认为我非常完美，要是他们不这样想的话，就会使我忧虑。最后我发现，我越想去讨好别人，以避免别人对我的批评，就越会使我的敌人增加。所以，最后我对自己说：无论你多么超群出众，也一定会受到批评，所以还是趁早习惯的好。这一点对我大有帮助。从此以后，我就决定尽自己最大的能力去做事，并把我那把挡住批评的破伞收起来，让批评的雨水从我身上流过而充分吸收，而不是滴在我的脖子里。"

每一个想成功的人都不要为别人的批评而烦恼，太在意别人批评的人都会局限于狭窄的范围内，而让自己失去了更广阔的天地。如果你立志要有一番作为、要成功，那么，不要为别人的批评而烦恼。

林肯要不是学会对那些谩骂置之不理，恐怕他早就受不住内战的压力而崩溃了。他写下的如何处理对待批评的方法，已经成了文学上的经典之作。他是这样写的："如果我只是试着要去听——更不用说去回答所有对我的攻击，这家店不如关了门，去做别的生意。如果结果证明我是对的，那么人家怎么说我，就无关紧要了；如果结果证明我是错的，那么即使花十倍的力气来说我是对的，也没有什么用。"

没有人喜欢批评，但是，任何事情都有积极的一面。如果我们静下心来想一下，就会发现，有时候，批评也是一种纠正缺点，帮助自己踏上成功之道的良剂。要知道，世上根本没有完美的人，从别人的批评声中，我们能发现自己身上的诸多缺点。因为别人批评的东西，恰恰是我们自己难以发现的缺点，如果多加反省，努力纠正这些缺点，将对我们的人生和事业起到推动作用。

因为在一个不健康的家庭长大，好莱坞著名动作影星史泰龙青少年时期满身是令人讨厌的坏毛病。三十多岁时，史泰龙在一次打架回来的路上，碰到一位以前的邻居，他批评史泰龙不务正业，整天酗酒、打架，像恶棍一样，一辈子只能像他父母一样沦落在贫民窟里生活。史泰龙满腔怒火，想把他暴打一顿，但是，他忍住了，因为这个人在他小的时候，曾经无数次照顾过他和他的家庭。回到家中，他躺在床上细细反省自己，又与周围的人对比了一番，他觉得那位邻居批评得对，他开始思考自己人生方向的问题。

经过无数次的辗转反思，史泰龙决定闯荡好莱坞，希望用一生的时间在影视圈里谋求发展。刚开始进入好莱坞时，他给别人打杂，接触的人十分复杂，经常受到来自不同地方的人的批评和指责，他都默默忍受着。晚上回到自己租住的房子，一个人躺在床上细细地回味，反省这些话，从各种批评的声音中，他不断地发现自己的缺点、毛病并努力纠正它。同时，他也把这些批评的声音记在内心深处，让它时时刻刻都成为帮助自己向成功迈进的推动器。经过不懈地寻找机会以及不断努力，他成了一名演员，并最终成为一个世界知名的动作影星。

很多人总是很爱面子，受不了别人的羞辱与嘲笑，一旦被人笑话了，就感到极大的屈辱，生活在阴影里无法自拔，终究不能成就大事。如果你不能

接受一次嘲笑，将会受到别人更多的挑剔和攻击。人犯错误自然在所难免，只要能加以改正就好。就算是曾深深陷入恶习的泥潭，只要你有一颗不甘堕落的心，照样可以踏上追求成功的道路。浪子回头，多的是一段不堪回首的经历，一种对人生价值的重新定位和对成功的深刻理解。能坚持着这份追求，成功也就不会太远了。

达尔文曾经说过："任何改正都是进步。"歌德也说过："最大的幸福在于我们的缺点得到纠正和我们的错误得到补救。"敢于承认错误，吸取教训，我们就能以崭新的面貌去迎接更加激烈的竞争和挑战。

并不是失败了，就永远不能成功。正是因为勇于承认失败而改正错误，强者才能历经百年而不倒。在生活中，每个人都会听到批评的声音，只要我们保持积极的心态，善待批评，那么，我们的人生将会更加完美，事业也会更加辉煌！

正视失败，成功孕育于失败之中

创业中难免会有失败，如何对待失败，往往就可能成为成功者与失败者的分水岭。在杰出的成功者眼里，失败有两重性，它既能给人带来损失和痛苦，也能给人带来激励、警觉、奋起和成熟。他们总是把一次次失败都视为走向成功的动力。

在人生的旅程上，有谁是一帆风顺的呢？又有谁不是历尽了坎坷才苦

尽甘来的呢？成功是来之不易的，成功是建立在无数次失败之上的，没有数不尽的经验总结，成功从何而来？

那些遭遇一次失败便灰心丧气、一蹶不振的人，他们一定不会有美好的人生收获。在他们的眼里，一切都笼罩在失望、挫败、无法成功的气氛中。这种观念，一旦统治了一个人的头脑，那他会在无形中将自己置于失败的深渊，永远不能自拔。爱迪生曾深有感触地说："失败也是我需要的，它和成功一样有价值。只有在我知道一切做不好的方法之后，我才知道做好一件工作的方法是什么。"任何失败中都蕴藏着极其丰富的经验教训，都是不可多得的人生教材。从失败的教训中学到东西，往往比从成功中学到的还要深刻。

有些人之所以比别人成功，就在于当他们失败时，他们有毅力及勇气爬起来，重来一次。失败并不可怕，尽管它会给你带来失望、烦恼，甚至是痛苦；但是，它却像一块磨刀石，会磨砺你的意志，鼓舞你的士气，锻炼你的品格，最终使你成为一个能够坦然面对厄运并成就大业的勇者。没有一个人命中注定是要失败的，只要你积极发现自己的长处并善加利用，然后用自信和行动努力去排除一切妨碍成功的因素，就一定会赢得成功。

20世纪60年代初期，玛丽·凯经过一番思考，把一辈子的积蓄5000美元作为全部资本，创办了玛丽·凯化妆品公司。在创建公司后的第一次展销会上，她隆重推出了一系列功效奇特的护肤品，按照原来的想法，这次活动会引起轰动，一举成功。可是"人算不如天算"，整个展销会下来，她的公司只卖出1.5美元的护肤品。

意想不到的残酷失败，使玛丽·凯控制不住失声痛哭。经过认真分析，玛丽擦干眼泪，从第一次失败中站了起来，在重视生产管理的同时，又加强了销售队伍的建设。经过20年的苦心经营，玛丽·凯化妆品公司由初创时的雇员9人发展到现在的五千多人；由一个家庭公司发展成一个国际性的公司，年销售额超过3亿美元。玛丽·凯终于实现了自己的梦想。

并非有了信心做每一件事都会成功。凡事总有失败，但是你要坚强，不要被失败吓倒，要勇于向失败挑战。如果一次失败了，便情绪低沉，一蹶不振，那又怎么能成功呢？只有彻底击败心底的溃退，才能走向成功。不要被挫折击垮，也不要被失败吓倒，更不要蹉跎在过去的岁月当中。只有经得起失败的人，才能真正成为掌握命运的强者。强者在失败面前会越挫越勇，而弱者面对挫折会颓然不前。

不要害怕失败，失败并不是什么坏事。哈伯德说：一个人所能犯下的最大错误，就是他害怕犯下错误。只要你不放弃尝试，不断地尽自己最大的力量，你便是在创造成功。假使你没有获得你想要的成果，你就将其视为一个不理想的结果，而不是失败，然后从中学习，改进你的行为再试一次。“此路艰辛而泥泞。我一只脚滑了一下，另一只脚因站不稳而摔跤；但我缓口气，告诉自己：这不过是滑一跤，并不是死去而爬不起来。”林肯在竞选参议员落败后如是说。

人人都有失败。所不同的是：在失败面前，弱者一味痛苦迷惘，畏缩不前；强者却坚持不懈地追赶失败后的成功。面对失败，不要向失败低头示弱，而应该昂首挺胸，乘风破浪。失败的原因很多，但是，无论什么样的失败，只要你跌倒后又爬起来，跌倒的教训就会成为有益的经验，帮助你取得未来的成功。

1950年夏天，李嘉诚开始了他叱咤风云的创业之路。几次成功之后，他就急切地去扩大他那资金不足、设备简陋的塑胶企业，于是资金开始周转不灵，工厂亏损越来越重。仓库开始堆满了因质量问题和交货延误而退回来的产品，塑胶原料商开始上门催讨原料费，客户纷纷上门寻找一切借口要求索赔。

从做生意开始就以诚实从商、以稳重做人处世的李嘉诚这一次付出了极其惨重的代价。这种代价几乎让李嘉诚陷入濒临破产的境地。像任何身处逆境的强者一样，李嘉诚经过一连串痛定思痛的磨难后，开始冷静分析国际经济形势变化和市场走向。

1957年，咬紧牙关走出绝境的李嘉诚开始了一系列别具新意的“转轨”行动：生产既便宜又逼真的塑胶花。这在当时的香港还是一个“冷门”。经过李嘉诚的努力，通过采取各方面的促销和广告活动，塑胶花开始变得引人注目，为香港市民所普遍接受。

重新开辟出一条道路的李嘉诚，在度过危机之后，渐渐地走上了稳定发展的道路。

一个人要想干出一番惊人的业绩，一定要具有面对失败坦然自如的积极态度，千万不可一遭挫折便落荒而逃。否则，你永远都与成功无缘。容忍失败，这是人们可以学习并加以运用的极为积极的东西。

真正的勇士把跌倒看成是通往目标途中必然发生的事，而不是一种不幸。所以，当他跌倒时，他不是躺在地上，埋怨不平的路途害他跌倒，或者怀疑有人陷害；也不会因为一点皮肉之伤而大声喊痛；更不会因为曾经跌倒一次就畏缩不前。他选择的是：站起来，向目标出发。洛克菲勒这样说道："与有些人不同，我把失败当成一杯烈酒，咽下去的是苦涩，吐出来的却是活力。"

失败是一种学习经历，你可让它变成墓碑，也可以让它变成垫脚石。事实上，没有什么失败，失败仅仅存在于失败的人心中，只有屡败屡战的人才是真的英雄，才能真正享受成功的喜悦。失败是一所最磨炼人的大学，从失败中学到的东西更为可贵！

忍一时之痛，获得长久的幸福

> 忍耐精神是意志坚强者的品质，忍耐不是软弱，而是另一种意义上的坚强。能否多坚持一分钟，是人才和平庸之徒的分水岭。能忍耐的人，能够得到他所要的东西。忍耐即是成功之路，确信无法突破的时候，首先要选择的是忍耐。

人生之路漫长崎岖，有太多的意外会袭来，没有忍耐精神，就不能成就大的事业。青年人能否成就一番事业，关键看你在这种时候是否能忍一时的委屈，以一种良好的习惯来控制自己，才有将来的成功。在别人都已停止前进时，你仍然坚持着；在别人都已失望放弃时，你仍然进行着，正是这种坚持、忍耐的能力，不以喜怒好恶改变行动的能力，最终使你脱颖而出。

萨迪曾经忠告天下人："事业常常成于坚忍，而毁于急躁。"沙漠中匆忙

的旅人往往落在从容的旅人后面；疾驰的骏马往往落在后头，而缓步的骆驼却能继续向前。一个人偶尔心血来潮，干一些一时奋进的事情，这是很容易做到的。但是，日复一日地持久奋斗，却不是一般人能够做到的。有些人在开始做事的时候热情高涨，干劲十足，可是，过不了几天，遇到一些困难和挫折，激情就完全退去，干劲全无，这是非常可悲的。

对成功人士来说，任何委屈都不足以让他心灰意冷，相反，更能鼓舞士气，激发起一定要做成大事的欲望。能忍耐的人，能够得到他所要的东西。忍耐即是成功之路，忍耐才能转败为胜。对所有人来说，希望和耐心是两剂有特效的自救药，也是人在患难中最可靠的依托和最柔软的依靠。确信无法突破的时候，首先要选择的是忍耐。

一则寓言故事讲道：从前，同一座山上有两块相同的石头，三年后发生了截然不同的变化，一块石头受到很多人的敬仰和膜拜，而另一块石头却受到别人的践踏。这块被践踏的石头极不平衡地说道："老兄呀，三年前，我们同为一座山上的石头，今天产生这么大的差距，我的心里特别痛苦。"另一块石头答道："老兄，你还记得吗？三年前，来了一个雕刻家，你害怕割在身上一刀刀的痛，你告诉他只要把你简单雕刻一下就可以了，而我那时想象未来的模样，不在乎割在身上一刀刀的痛，所以产生了今天的不同。"

在日常工作和生活中，有很多时候需要我们学会忍耐。有些事情，你永远也不会习惯，但只要你活着，这样的日子得一天一天过下去，所以你就得学会克制，学会忍耐。你不习惯黑夜，但黑夜每天适时而来，你忍耐着，天就亮了;你不习惯寒冷的冬季,但冬天的脚步渐渐逼近,你忍耐着,那春天还会远吗?

忍耐是我们人生过程中,任何人都要经受的最困难的一件事,等待比做事要难得多。善于忍耐,积极积蓄力量和资本的人,更容易取得飞跃式的进步。作为一个年轻人,在意志的果断性、忍耐性和顽强性上磨炼自己,是十分必要的。韧性也就是意志的忍耐力,是把痛苦的感觉或某种情绪长时间地抑制住,不使其表现出来的能力。顽强忍耐的人,跌倒了再爬起来,这样力量也在一次次的跌倒和爬起中不断增长。

忍耐的人暂时容忍,最后必然会得到公平的待遇。忍耐是一种理智,是一种涵养,更是一种美德。成功的人都是以极大的毅力和意志忍受着困苦,在艰辛中一步步地向前迈进。

日本矿山大王古河市兵卫小时候曾当过收款员。有一天晚上,他到客户那儿催讨钱款,对方毫不理睬,一点儿都不把古河放在眼里。古河没有办法,忍饥挨饿,一直等到天亮。早晨,古河并没有显出一丝愤怒,脸上仍然堆满笑容。对方被古河的耐性所感动,立即态度大变,恭恭敬敬地把钱付给他。他的这种认真随和又富有耐性的工作精神,让老板大加赞赏,之后,他工作表现优异,几年后就被提升为经理。有人问古河成功的秘诀,他说:“我认为发财的秘方在于‘忍耐’二字。”能忍耐的人,能够得到他所要的东西。能够忍耐,就没有什么力量能阻挡你前进。忍耐即是成功之路,忍耐才能转败为胜。

每个人都相信那些百折不挠、能坚持、能忍耐的人。假使你能够不管情形如何，总坚持你的意志，总能忍耐，那你已经具备了“成功”的要素。能忍受旁人难以忍受的东西，才能使自己不断地积蓄力量，增强忍耐力和判断力，这样才能为将来事业的成功积累资本。

职业演讲家周士渊曾说：“其实人是什么苦都能吃，什么环境都能适应的，但关键是头几天，只要咬着牙挺过去，过了这一关，以后就没什么难事了。许多人不明白这个道理，碰到一点困难就退缩了，其实再坚持一下，坦途就在眼前。正所谓‘能忍一时苦，换来一世甜；难忍一时苦，终生苦中苦。’”

如果因为遭遇了磨难而怨天尤人，如果因为遭遇了挫折而自暴自弃，如果因为面临逆境而放弃了追求，如果因为受了伤害就一蹶不振，那你就大错特错了。人生就是这样，只要你有追求，只要你去做事，就不会一帆风顺。我们的人生，就像大海里的船舶，只要不停止航行，就会遭遇风险，没有风平浪静的海洋，也没有不受伤的船。

命运常常是一种折磨，要想把握自己的命运，就要学会忍耐。“忍”字头上一把刀，要掌握好忍耐的程度，总有一天，忍耐会作为一颗夺目的钻石镶嵌在成功的金牌上，从此熠熠生辉。

摒弃浮躁，理智处理

成功需要很强的自律能力。克制是人的一大智慧，它有助于人们在攀登理想的征途中，消除情感世界不可避免的潜在危机。因而，对于一个成功的开拓者来说，它既是实现既定目标的保证，又是取得更大成功的起点。

自古以来，评价人的标准，只要看一个人的涵养和行事的风格，就知其是否可以成为可塑之才，是否有大将之风。一个人的涵养来源于他的修养，有修养的人都懂得控制情绪。遇事不冷静的人，绝不是一个有修养的人。在生活中，面对不同的环境，不同的对手，有时候采用何种手段已不是关键，而如何保持好自己的情绪才至关重要。每个人都有自己的情绪，而情绪有时让人无法捉摸，但是，不管怎样，你都要将它抓得紧紧的。因为这关系到你能否在社会上游刃有余地生存。

许多人能把情绪收放自如，这个时候，情绪已不仅是一种感情上的表达，而且成了攻防中使用的武器。生活中，每个人都难免碰到这种擦枪走火的状况。但是，聪明人有将不良的情绪马上收回来的本事。情绪处理得好，可以将阻力化为助力，帮你解危化险、政通人和。情绪若处理得不好，便容易失去控制，产生一些非理性的言行举止，轻则误事受挫，重则违法乱纪。

克制，乃为人的一大智慧，它有助于人们在攀登理想境界的征途中，消

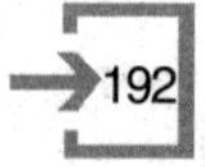

除情感世界不可避免的潜在危机。因而,对于一个成功的开拓者来说,它既是实现既定目标的保证,又是取得更大成功的起点。

比尔·盖茨只是哈佛大学的一个二年级的肄业生,他不仅没有获得计算机主业的博士学位,甚至连本科文凭也没有。但是,他却成了"计算机革命的点火人,软件业的天才"!他是近代第一个靠观念、智慧、思维和科技创新致富的人。比尔·盖茨的成功与他超强的自律能力是分不开的。正如他本人所说:"我个人以为,既然想要做出一番事业,我们就不能太善待自己,只有自律的人,才能够取得事业的成功。"他几乎把所有的时间都花在工作和学习上,从不轻易放松自己。在中学的时候,他就靠自学、靠自己钻研,掌握了高深的计算机技术。

其实,在创造微软帝国辉煌的道路上,盖茨经历过无数次极端痛苦和无奈的选择,每当他的价值观与事实发生冲突的时候,他的自律精神就会立即发挥作用,帮助他维护好自己的事业。

比尔·盖茨的成功证明了自律所具有的强大力量。没有任何人可以在缺少它的情况下获得并维持成功。甚至可以这么说,无论一个人有多么过人的天赋,如果他不运用自律,就绝不可能把自己的潜能发挥到极致。自律能促使人攀向高峰,也是领导者的领导能力得以卓有成效地维持的关键所在。

歌德说:"一个人切不可放任自己,他必须克制自己,光有赤裸裸的本能是不行的。"在我们心灵深处,总有一种力量使我们茫然不安,让我们无法宁静，这种力量叫浮躁。它是成功的敌人。怒气似乎是一种能量，如果不加控制，它会泛滥成灾；如果稍加控制，它的破坏性就会大减；如果合理控制，甚至可能有所收获。任何一个成功者都有着非凡的自制力。如果生气是一种习惯，那么不生气也是一种习惯。让不生气成为你的习惯吧！

人的确需要冷静，冷静使人理智稳健，冷静使人宽厚豁达，冷静使人有条不紊，冷静使人高瞻远瞩。在一个浮躁、善变、功利的社会中，尤其需要一位冷静者，冷静的习惯有助于我们消除自己的浮躁心，可以让自己真正冷静下来后再投入社交、投入工作、投入事业。冷静的习惯是我们处事的好帮手。

洛克菲勒曾讲述了一件很有趣的逸事：有一位不速之客突然闯入他的办公室，直奔他的写字台，并以拳头猛击台面，大发雷霆："洛克菲勒，我恨你！我有绝对的理由恨你！"接着那暴客恣意谩骂他达10分钟之久。办公室所有职员都感到无比气愤，以为洛克菲勒一定会拾起墨水瓶向他掷去，或是吩咐保安员将他赶出去。然而，出乎意料的是，洛克菲勒并没有这样做。他停下手中的工作，用和善的神气注视着这位攻击者，那人越暴躁，他便显得越和善！

那无理之徒被弄得莫名其妙，他渐渐平息下来。因为一个人发怒时，对方若不反击，他是坚持不了多久的。于是，他咽了一口气。他是做好了来此与洛克菲勒作斗争的准备的，并想好了洛克菲勒将要怎样回击他，他再用想好的话语反驳。但是，洛克菲勒就是不开口，所以他不知如何是好了。

最后，他又在洛克菲勒的桌子上敲了几下，仍然得不到回应，只得索然无味地离去。洛克菲勒呢？他就像根本没发生过任何事一样，重新拿起笔，继续他的工作。

如果你总跟自己的坏情绪较劲，并任由坏情绪控制自己的行动，那么，你的一时冲动可能会给你带来终生的悔恨。要做一个理智的聪明人，就要学会控制自己的坏情绪。不理睬他人对自己的无礼攻击，便是对他最严厉的迎头痛击！成功者每战必胜的原因，就是当对手急不可耐时，他们依然故我，显得相当冷静与沉着。

情绪时时刻刻都伴随着我们，我们虽然无法做到心如止水，没有丝毫情绪的波澜，但我们却应学会理性地控制自己的情绪，要时常在心里提醒自己不要被琐事困扰，控制好自己的情绪。人生短暂，聪明的人都不会浪费时间，为一些无关紧要的小事而烦恼。当我们过于注意微不足道的小事时，愤怒的情绪犹如人体中的一枚定时炸弹，随时都可能造成无法弥补的后果。在关键时刻不能让怒火左右自己的情绪，不然你会为此付出惨痛的代价。

一个人总会遇到各种各样的变化，如何在变化的过程中，理智地处理各种事情，做到不感情用事是至关重要的，要干大事的人应当提高自己控制情绪的能力。能驾驭自己的情绪，才能真正驾驭自己。这样，对身体健康和事业发展都有着莫大的帮助。

会兜圈子，反而第一个到达目的地

暂时的退让是为了更好地前进，正如一时的低头是为了长久地抬头。暂时的退让并不意味着卑屈和不顾人格，而是一种智者的表现。恰当地以退为进，作出适当的让步，能够掌握竞争的主动权，从而取得全局性的胜利。

挫折是生活的组成部分，每个人都会遇到。社会中的万事万物，无一不是在曲折中前进的。中国有句老话叫“多难兴邦”。挫折、困境确实可以使人精力耗竭、精神崩溃乃至一蹶不振，但它也可以助人成熟，把人推向成功。

有的时候，想解决问题，就不能“钻牛角尖”，而要学会迂回和放弃，做到“有所不为”。这种“有所不为”，也是衡量一个人目光是否远大的标准。成功人士追求事业发展的方式，往往是迂回曲折的，有时需要适当放弃眼前的、短期的利益，去获得更有效的解决方法和更好的发展空间。

当遭遇难题时，不要一味地去撞墙，指望把墙撞倒，而要学会在合适的地方打开一扇门。人生如水，我们既要尽力适应环境，也要努力改变环境，实现自我。我们应该多一点韧性，在必要的时候弯一弯，转一转，因为太坚硬容易折断。唯有那些不只是坚硬且更多一些柔韧和弹性的人，才能克服更多的困难，战胜更多的挫折。

维斯卡亚公司是20世纪80年代美国最为著名的机械制造公司，史蒂芬是哈佛大学机械制造专业的高才生，在该公司每年一次的用人测试会上被拒绝申请，于是，史蒂芬采取了一个特殊的策略——假装自己一无所长。他先找到公司人事部，提出愿意为该公司无偿提供劳动力。公司于是分派他去打扫车间里的废铁屑。一年里，史蒂芬勤勤恳恳地重复着这种简单但却劳累的工作。这样，虽然得到老板及工人们的好感，但是仍然没有一个人提到录用他的问题。

20世纪90年代初，公司的许多订单纷纷被退回，理由均是产品质量问题，为此公司将蒙受巨大的损失。公司董事会为了挽救颓势，紧急召开会议商议对策，当会议进行一大半却未见眉目时，史蒂芬闯入会议室，提出要直接见总经理。在会议上，史蒂芬对这一问题出现的原因作了令人信服的解释，随后拿出了自己对产品的改造设计图。

总经理及董事会的董事见到这个编外清洁工如此精明在行，便询问他的背景以及现状。史蒂芬当即被聘为公司负责生产技术问题的副总经理。

原来，史蒂芬在做清扫工时，利用清扫工到处走动的便利条件，细心察看了整个公司各部门的生产情况，并一一作了详录，发现了所存在的技术性问题并提出了解决的办法。他花了近一年的时间搞设计，获得了大量的统计数据，为最后一展才干奠定了基础。

人们常常把退让和失败、放弃、躲避等词语联系在一起，似乎退让总带有某种贬义和消极的色彩。然而退让却包含了很多层意义，我们可以把它看作是积聚能量的过程，忍让并不是从此以后就不再进攻，相反，忍让是为了在积蓄足够的力量以后更好地进攻。

在双方僵持的时候，智者会先退几步，以求打破僵局，为自己积蓄力量，赢得时机。善于把握进退的火候，恰当抉择进退的时机，把自己提高到一个更高的层次。面对挫折、打击、磨难，我们应该沉着应对，不能被这些困难所压倒。忍受挫折的一种方法是发奋图强，准备东山再起，而不是由此沉沦。

假如你和对手产生了冲突，论力量，你是鸡蛋，而对方是石头，你怎么办？是像头脑简单的拼命三郎那样以卵击石，白白地送命呢，还是避其锋芒，等自己也变成石头，变成比对方更大的石头再有所图谋呢？试想，为争一时之气而拼个你死我活，于己于事又有何益呢？泰山压顶，先忍一下又何妨？折断了就永远断了，而弯一下腰还有挺起的机会。

1076年，德意志罗马帝国皇帝亨利与教皇格里高利争权夺利，斗争日益激烈，发展到了势不两立的地步。在矛盾激烈的关头，教皇的号召力非常之大，一时间德国内外反抗亨利的力量声势震天。亨利面对危局，被迫妥协，于1077年1月身穿破衣，只带着两个随从，千里迢迢前往罗马，向教皇认罪忏悔。但格里高利故意不予理睬，在亨利到达之前躲到了远离罗马的卡诺莎行宫。亨利没有办法，只好又前往卡诺莎去拜见教皇。到了卡诺莎，教皇命令紧闭城堡大门，不让亨利进来。亨利忍辱一直在雪地里跪了三天三夜，教皇才开门相迎，饶恕了他。

亨利恢复了教籍，保住王位返回德国后，集中精力整治内部，然后派兵把一个个封建主各个击破，并剥夺了他们的爵位和封邑，把曾一度危及他王位的内部反抗势力逐一消灭。在阵脚稳固之后，他立即发兵进攻罗马。在亨利的强兵面前，格里高利弃城逃跑，最后客死他乡。

钢韧相济、顽强有力，是一个强者意志良好的表现。老子认为与其采取直线的生存方式，倒不如遵循曲线的生存方式。如果我们在前进时碰到了障碍，要想顺利地向前，就必须先撤退。这种做法并非一种失败主义，而是一种曲线式的生存方式。这是以柔克刚，以退为进的策略，就像弹簧缩在一起，其间却蕴藏着巨大的力量。

在做大事的过程中，不能一味进攻，尤其身处弱势时，一定要巧妙避开对方的锋芒，寻找以退为进的转机。在形势不利于自己的时候，先退几步，以求打破僵局，为自己积蓄力量赢得时机。当自己处于弱势时，不妨采取以退为进的方针，保存自己的实力。等到有朝一日羽翼丰满时，再表明自己的主张和态度，这时候，你就是真正的强者了。

当我们在成功的道路上突然陷入了死胡同，百般努力都找不到出路时，最好的方式无疑就是“以退为进”。学会退让，也就学会了审时度势，把握全局，小忍以图大谋。学会退让，就能顺利跨越生活中意想不到的低矮“门框”而免受无谓的伤害。

参考文献

[1]易小宛.活成自己喜欢的样子[M].北京:现代出版社,2016.

[2]沈万九.世界是自己的,活出你喜欢的样子[M].北京:北京联合出版公司,2017.

[3]面白.把生活折腾成你想要的样子[M].北京:民主与建设出版社,2017.